絵でわかる地球温暖化

An Illustrated Guide to Global Warming

渡部雅浩 著
Masahiro Watanabe

講談社

ブックデザイン	安田あたる
カバー・本文イラスト	株式会社アート工房

はじめに

　日本に住んでいるとつい忘れがちですが、桜満開の春や新緑薫る初夏、燃えるような紅葉などの豊かな四季は、自然の与えてくれたすばらしい財産だと感じます。同時に、梅雨期の大雨や晩夏の台風上陸など、災害に繋がりかねない激しい気象現象があるのも日本の四季の特徴です。いま、これらの恵みと災いをもたらす気象や気候が変わりつつあります。その大きな原因は、地球規模で進んでいる気候の変化、すなわち地球温暖化です。夏は昔よりも暑くなり、猛暑日も増えました。積乱雲の発達は局地的な強い雨を伴いますが、以前はめったになかった猛烈な豪雨になることも最近ではしばしばです。

　人が文明社会を維持してゆく上で、エネルギーの消費は避けられません。人間活動が原因で進む地球温暖化は、そのエネルギー源を石油などの化石燃料に頼りすぎたことによるものです。温暖化問題＝エネルギー問題である、という前提に立って、先進各国では効率的なエネルギーの利用や化石燃料からの脱却という「低炭素社会」へ向けた取り組みがずいぶん前から始まっています。こうした社会の変化がもとに戻ることはないと思いますが、一方で、私たちは「地球温暖化とは何か」を本当に理解しているでしょうか？

　気候が変化するしくみ、地球の歴史の中での現代の位置づけ、今世紀末に気候がどう変わっているか、異常気象と温暖化の関係は本当のところどうなのか、など、温暖化に関わる疑問はさまざまです。今さら聞けない地球温暖化のあれこれを数式ではなくイラストや図を用いてわかりやすく解説する――それが本書のねらいです。温暖化研究の最前線でしか聞けないホットトピックも随所に盛り込みました。

　本書を手に取ってくださったあなたは、もちろん地球温暖化に関心をお持ちだと思います。もし、真偽の定かでない情報があふれるネットではなく、こうした書籍から確かな情報を得たい、とお考えでしたら、本書がその期待にいくらかでも応えられるのではないかと思います。温暖化の解説本であると同時に、地球環境科学の入門書として気楽にお読みいただければ、著者としては望外の喜びです。

　最後になりますが、本書執筆の機会を与えてくださり、最後までおつきあいいただいた講談社サイエンティフィクの渡邉拓さんと慶山篤さん、魅力的なイラストを描いてくださったアート工房の皆さんに心より感謝いたします。

2018年6月

渡部雅浩

絵でわかる地球温暖化　目次

はじめに　iii

第1章　地球は温暖化しているか？　1

1.1　気象と気候　1
1.2　気候の変動と変化　2
1.3　地表気温の変化　4
1.4　地球は温暖化していると言えるのか？　7
コラム　クライメートゲート事件とは　10

第2章　地球の気候はどう決まるか？　13

2.1　気候システム　13
2.2　エネルギー平衡　14
2.3　気候フィードバック　18
2.4　平衡応答と過渡応答　25
2.5　平衡気候感度と気候フィードバック　28
コラム　地球温暖化の水蒸気犯人説？　31

第3章　地球史のなかの気候変化　33

3.1　地球46億年の歴史　33
3.2　地球先史：地球誕生からカンブリア爆発まで（46億年〜5億年前）　33
3.3　生物の繁栄（5億年前〜）　37
3.4　第四紀の気候：氷期と間氷期（260万年前〜）　41
3.5　不安定な氷期の気候　48
3.6　安定な完新世の気候（1万年前〜）　53
3.7　過去から未来へ：古気候研究からのメッセージ　57
コラム　人の時代　60

第4章　20世紀に観測された気候変化とその原因　62

4.1　温暖化研究の黎明期　62
4.2　温室効果ガスと放射強制の変化　66
4.3　20世紀に観測された全球的な気候変化　69
4.4　20世紀に観測された日本の気候変化　81
4.5　気候変化の検出と要因分析　88
コラム　気候モデルとは？　94

第5章　21世紀の気候変化予測　98

5.1　天気予報と気候予測　98
5.2　将来の排出シナリオ　101
5.3　今世紀末までに予測される気候の変化　104
5.4　気候変化予測の不確実性　115
コラム　気候工学——将来の気候変化を制御する？　120

第6章　自然の気象・気候変動　123

6.1　気象と気候の変動　123
6.2　気候の内部変動——年々変動　125
6.3　気候の内部変動——十年規模変動　132
6.4　気象の変動　134
6.5　気候変動には謎がいっぱい　138
コラム　地球温暖化の「停滞」　143

第7章　地球温暖化で異常気象は増えるか？　145

7.1　異常気象は本当に「異常」か？　145
7.2　異常気象は確率分布で測る　148
7.3　温暖化と異常気温・異常降雨　153
7.4　温暖化と台風　158

コラム　イベント・アトリビューション　164

第8章　持続可能な社会のために　167

8.1　気候の変化と社会の関心　167
8.2　地球温暖化の影響評価と気候変化のリスク　170
8.3　我々に残された時間　174
8.4　地球温暖化の緩和と気候感度　177
8.5　将来の世代のために　178

参考文献　180
索引　183

第1章 地球は温暖化しているか？

1.1 気象と気候

　日々の天気は誰にとっても身近な現象です。明日の予報が雨だったら「自転車でなくバスで行こうか」、気温が低そうだったら「少し厚着してゆこうか」などと、日常の行動を決める参考にするでしょう。最近では、猛烈な雨（いわゆるゲリラ豪雨）や強い台風の上陸など、気象情報をチェックしないと災害に巻き込まれるおそれすら出てきています。このような天気、あるいは**気象**（**weather**）は、時々刻々の気温、風、湿度、雨などの大気の状態として定義されます。気象は基本的には力学や熱力学などの古典物理学の法則に従う現象ですが、さまざまな条件によって生き物のように変動し、その予測は通常2週間程度先までが限界と言われています。この2週間程度というのが気象のもつ時間スケールです。

　気象に対して、**気候**（**climate**）はより長期間の平均的な大気や海洋など地球表層環境の状態を指します。通例では30年程度の平均として定義されますが、気象の時間スケールを越えた平均状態はすべて気候と呼べます。例えば1年の平均を気候と呼んでもよいですし、日々の気温を30年間で平均することで得られる緩やかな季節の推移も気候の一部です。

　気象と気候の関係を**図1.1**に示しました。気候は気象の集合（あるいは平均）であり、また気象は気候のまわりのゆらぎです。したがって、両者は密接に結びついています。

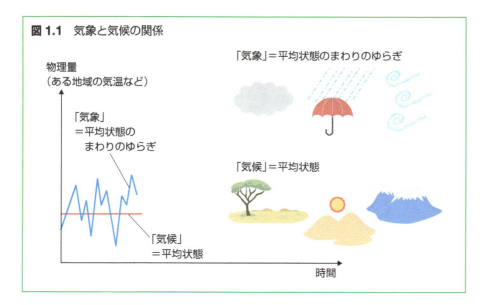

図 1.1　気象と気候の関係

1.2 気候の変動と変化

　気象と同様、気候も常に変化しています。ただし、その変化の速さがゆっくりであるため、天気（気象）と違って人間が実感するには時間がかかります。例えば、気象庁では直近の 30 年間の平均値を気候平年値としていますが、東京の気温の平年値を最近の値（1981 年～2010 年）と 100 年前（1881 年～1910 年）で比較すると、**図 1.2** の通り最近の方が 2.6℃ ほど高い平年値になっていることがわかります。これには 4.4 節で述べる地球規模の気候の変化と、局地的なヒートアイランドが関わっています。ともあれ、ここで強調したいのは、人の一生の時間スケール（およそ 100 年）であっても気候は変化するものだということです。

　気候はさまざまな原因で変わりますが、大きく分けて、気候を構成する大気・海洋・陸面・雪氷などの集合体（**気候システム**）自身のゆらぎと、気候システムの外側（大気組成や火山噴火、太陽活動など）の変化によって生じるものがあります。前者を**気候変動**（climate variability）、後者を**気候変化**（climate change）と呼んでいます。気候変化には、自然現

図 1.2 東京（大手町）の月平均地表気温の平年値

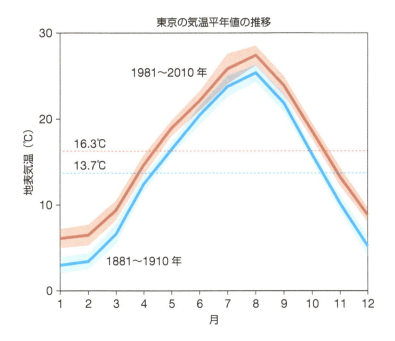

1881〜1910 年（青）と 1981〜2010 年（赤）。陰影はそれぞれの 30 年間のばらつきを、破線は年平均値を示す。気象庁データに基づく。

象に伴うものだけでなく、人間活動によって大気中の二酸化炭素濃度が増えることで生じるいわゆる**地球温暖化**（**global warming**）も含まれます。

過去から将来にわたる気候の変化について報告書をまとめている**気候変動に関する政府間パネル**（**Intergovernmental Panel on Climate Change, IPCC**）は、地球温暖化の科学に関する世界で最も権威のある機関ですが、上記の分け方に従えばこれは「気候変化に関する政府間パネル」と訳すべきでした。IPCC の訳語がマスメディアを通じて広く流通してしまっているので、今さら変えることは難しいのですが、気候の変動と変化では要因が違うのだということだけは覚えておいていただきたいと思います（**図 1.3**）。

本書のほとんどでは、気候変化の代表である地球温暖化について解説しています。とはいえ、自然の気候変動と気候変化は関係しあっているので、

図 1.3 気候変動と気候変化

気候変動：気候を構成する大気・海洋・陸面・雪氷などの集合体（気候システム）自身のゆらぎ

気候変化：気候システムの外側（大気組成や火山噴火，太陽活動など）の変化によって生じる気候の変化

第 6 章でさまざまな気候変動をとりあげます。

1.3 地表気温の変化

　気候を測る最も基本的な物差しは地表の温度です。具体的には、地上（あるいは海上）2 m の高さで測る気温を**地表気温**（surface air temperature, SAT）と呼びますが、これを世界全体で平均した全球地表気温は、気候の変化・変動の重要な指標です。

　地表気温のデータセットは、NASA などいくつかの研究機関で独自に作成されており（日本の気象庁でも最近作成されるようになりました）、1850 年頃から 150 年分以上の全球平均地表気温のグラフを描くことができます（図 1.4）。どのデータもよく一致していますが、全球気温には、年々の変動、10 年から数十年程度の変動、および長期的な変化の三つが現れていることがわかります。

　SAT に表れているさまざまな変動のうち、年々変動はエルニーニョのような短期の気候変動によるものです。残りの変動には長期の気候変動と気候の変化がともに関わっているため、切り分けは簡単ではありません。そ

図 1.4 地球全体（全球）で平均した年平均地表気温の変化

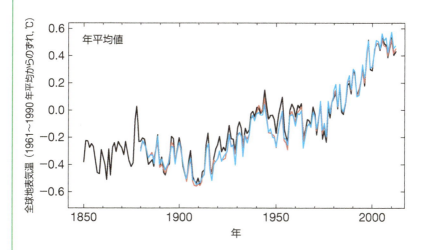

1961〜1990年を基準とし、そこからのずれで表す。3種類の異なる気温データの値を示してある。IPCC（2013）より。

うした要因の分析は後の章に譲ることにして、もっとも目立つ特徴である長期の温暖化傾向に注目しましょう。20世紀のはじめから考えると、この100年で約0.8℃ほど全球平均気温は上昇しています。この間、1960〜70年代頃に一旦小休止のような状態もありましたが、最近の30年ほどはかなり直線的な温度の上昇が見られます。

地表気温の変化傾向を空間分布で見てみましょう。**図 1.5** は20世紀のはじめからの変化を表していますが、データの十分存在するほぼすべての地域で1℃前後の温度上昇が見られます。昇温は陸上で特に大きいですが、海上でもグリーンランドの周辺を除けば気温は高くなっています。したがって、全球平均気温の上昇は一部の地域を代表したものではなく、地球全体が暖まっていることを表していると言えます。

図 1.5 から、ユーラシア大陸の中緯度域で昇温が特に大きいことがわかりますが、その東の端にある日本ではどうでしょうか。日本では戦前から各地で気象観測が行われており、その中で都市化の影響が最も小さいと思われる15地点で平均したものを日本全体の気温としています（**図 1.6**）。気候の年々変動は地域ごとの特徴をもつため、全球平均気温に比べると年ご

図1.5 1901～2012年の間の地表気温の長期変化傾向（線形トレンド）の空間分布

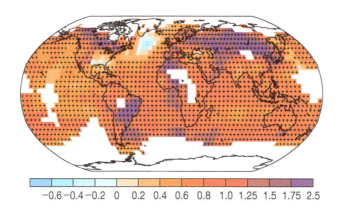

値は全期間で何℃変化したかを表す。十分なデータが存在しない地域は空白にしてある。IPCC（2013）より。

図1.6 日本列島で平均した年平均地表気温の変化

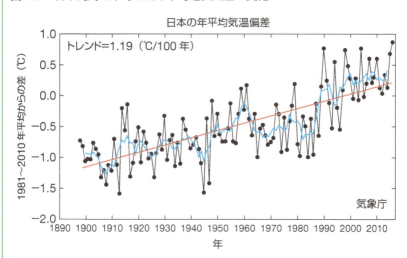

1981～2010年を基準とし、そこからのずれで表す。赤線は全期間の線形傾向で、100年あたり1.19℃の温度上昇と見積もられる。気象庁（2016）より。

との気温変動が大きいですが、それでも長期的に気温が上昇していることが明瞭にわかります。過去100年間の傾向（図1.6の赤線）は、約1.2℃の昇温と、温度の上げ幅が地球全体よりもやや大きくなっています。

1.4 地球は温暖化していると言えるのか？

図1.4や図1.5から、過去1世紀の間に地球が温暖化していることはほぼ明らかですが、疑い深い人は「いや、20世紀前半のデータは信頼できるのか」「気候の変化に重要な極域に気温データがほとんどない」「温度計の記録は陸上ばかりなので偏っているのではないか」などを問うかもしれません。

これらの疑問は、地球温暖化の懐疑論者だけが抱くわけではありません。温暖化の研究者自身、科学者ゆえに疑い深い性質をもっています。そこで、「地球が温暖化しているかどうか」という疑問に対して慎重にそのエビデンス（証拠）を積み重ねることで確信を得ているのです。

温暖化のエビデンスは、地球表面の気温が上昇すれば連動して起こるであろう、気候の変化をチェックすることで得られます。具体的には、表面から離れた大気や海洋の温度上昇、氷床や雪氷被覆面積の減少、海水準の上昇、大気中水蒸気量の増加などです（図1.7）。これらの量は、表面気温ほど昔からの観測データがあるわけではありませんが、少なくとも20世紀後半に関しては、すべての量が温暖化と物理的につじつまのあう変化傾向を示しています。

一例として、全海洋で平均した貯熱量を図1.8に示します。貯熱量とは、深さ方向に積分した水温に比熱をかけたもので、海洋のもつ熱エネルギーを表します。海洋の観測は陸上の観測よりも難しいため、最近までは主に北半球の航路上でしか緻密なデータがとれませんでした。しかし、近年ではアルゴフロートにより、水深2000 mまでの水温の観測が充実してきました。

図は海洋水温データとして最も信頼されているシドニー・レビタスらの結果ですが、1970年代以降、海洋貯熱量は増大していることがわかります。したがって、地球表面を暖めつつあるエネルギーは、海洋の内部も同

図 1.7 地球温暖化のエビデンスを得るためのさまざまな指標

観測された 20 世紀の地表の温暖化と物理的につじつまがあうかどうかを注意深く調べる。IPCC（2013）より。

様に暖めているということです。同様の温度上昇は、高度 10〜15 km くらいまでの大気についても認められています。地球は温暖化しているのです。

図1.8 全海洋で平均した海洋貯熱量（深さ平均の水温に比例する）の変化

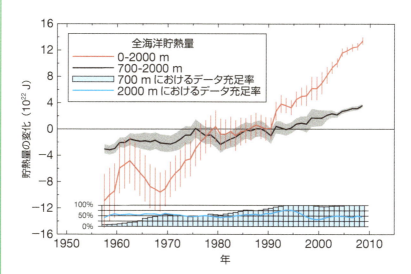

赤線は海面から2000 mまでの貯熱量、黒線はそのうち700 mよりも深い層の値。縦棒はデータの誤差範囲を示す。水深700 mと2000 mにおけるデータの充足率をあわせて示している。Levitus et al.（2012）より。

column　クライメートゲート事件とは

　温度計などの測器による観測データの存在する過去150年ほどでは、地球全体が温暖化していることが明瞭にわかります（**図1.4**）。しかし、この傾向がより長い期間で見て特異なものなのか、あるいは過去にも同程度の温暖化があったのかは、さらに過去の気温データがなければわかりません。そこで重要になるのが、木の年輪やサンゴ、氷床コアといった古気候学的なデータです。これらはどれも気温に比例しているため、気温の**代替指標**（**proxy**）として使えます。例えば、暖かい年には樹木の成長が早く年輪の幅が広くなるため、樹齢の古い木の年輪幅を計測することで気温の復元ができます。

　代替指標と直接観測から得られる気温データを繋げて、過去1000年の全球平均気温を復元したのが、ペンシルバニア州立大学のマイケル・マンと英イーストアングリア大学気候研究ユニットのフィル・ジョーンズです。後に「ホッケースティック曲線」として有名になるその結果は、10世紀頃からわずかに寒冷化していた気候が20世紀に入って急激に温暖化した様子を示しており、過去100年の気候の変化の特異さを露わにしました（**図1.9**）。

　このホッケースティック曲線は、我々が生きる時代の気候が急激に変化していることを如実に示しており、科学界だけでなく広く社会に衝撃をもたらしました。そのため、マンたちは温暖化懐疑論者の執拗な攻撃にさらされることになりました。

　おそらくその一つとして、（犯人は特定できませんでしたが）気候研究ユニットのサーバがクラッキングされ、彼らのやりとりを含む1000通以上の個人メールが流出するという事件が2009年に起きました（詳細はMann 2014に述べられています）。これ自体許されていいことではありませんが、問題はその中にデータの加工を示唆するような文章があったことにあります。特に、代替指標のカーブ（**図1.9**の青線）と温度計のデータ（**図1.9**の赤線）をスムースに繋ぐ部分で「トリック」を使った、と読めそうな部分を取り上げて、マンたちが不正なデータの処理をしたのではないか、という疑惑が持ち上がりました。これがクライメートゲート事件です。

　その後、イーストアングリア大学が立ち上げた調査委員会によって、不

図 1.9 マイケル・マンらが復元した過去 1000 年の北半球平均の気温変動

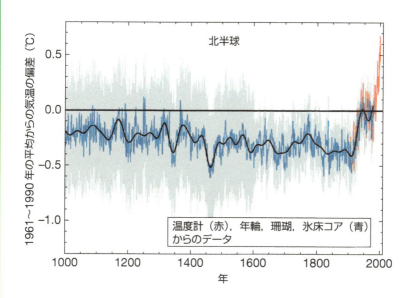

青線は年輪、サンゴ、氷床コアなどのデータから復元した気温、赤線は温度計で直接計測した気温のデータに基づく。灰色はデータの誤差範囲で、復元気温には大きな誤差が伴うことに注意。IPCC（2007）の気象庁訳より。

正がなかったことが報告されましたが、世の多くの「スキャンダル」と同様、潔白であった事実はあまり注目されず、温暖化研究に絡んで「クライメートゲート」という言葉だけが人々の記憶に残ることになってしまいました。非常に残念なことです。

　ちなみに、**図 1.9** のホッケースティック曲線には、マンらが認めている通り、特に代替指標のデータに大きな不確実性があります（図の灰色部分）。これは気温復元技術に伴う潜在的な誤差です。今では複数の研究グループが独立に過去 1000 年の気温復元データを作成しており、IPCC の第 4 次、第 5 次評価報告書では、それらすべての利用可能なデータを重ねたグラフを掲載しています。そこには従来から古気候学者によって存在が主張されている 10 世紀頃の温暖期や 14 世紀から 19 世紀にかけての小氷期と呼ばれる寒冷期が現れており、当初のホッケースティック曲線よりも過去の気温変動が大きかったことが示されています（3.6 節）。それでも、20 世紀に

入ってからの温暖化の急激さは変わらず、**図 1.9** のメッセージが本質的には間違っていないことがわかります。

第2章 地球の気候はどう決まるか？

2.1 気候システム

　地表気温は気候を表す量の一つです。気候という状態は、地球表層のさまざまな環境が複雑に相互作用することで成り立っています。そのような環境を総合して**気候システム**（climate system）と呼びます。気候システムは**図 2.1**のように複数のサブシステムから構成され、大気や海洋といっ

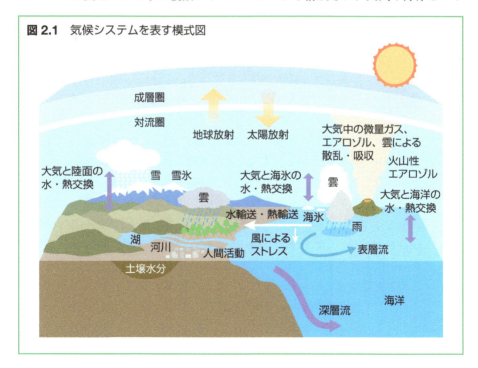

図 2.1　気候システムを表す模式図

た流体だけでなく、土壌や雪氷のような固体も含み、それらの間では不断にエネルギーがやりとりされています。

　エネルギーは熱だけではなく水や運動の形をとります。例えば、海から蒸発した水蒸気が大気中で凝結し、雨となって陸地に落ち、河川を通して海に戻る、といった循環によって、気候システム内部でエネルギーが輸送されているのです。

　地球表層には、海洋底からの地熱など固体地球からの熱の流入もありますが、それらはさほど大きなものではなく、気候システムを駆動するエネルギーはほぼ太陽からの**放射**（radiation）だけです。さらに、熱を運動に変える際に、地球が自転している効果が非常に重要になります（5.3節参照）。

2.2　エネルギー平衡

　気候システムは、**図2.1**のように構成要素が多様であることが特徴ですが、このままでは気候がどう決まっているのかを理解するのが難しくなります。そこで、思い切って地球を表面が均質なボールのようなものだとしましょう。自転に伴う昼夜の差も無視してしまい、長期間の平均として地球へのエネルギーの出入りだけを考えて、表面の温度が何℃になるかを考えます。

　地球に入ってくるエネルギーは**太陽放射**（solar radiation）です。私たちの目で見ることができる光（可視光線）は太陽放射の一部に過ぎず、ガンマ線やX線なども太陽放射に含まれます。一方、サーモグラフィの画像でおわかりのように人は赤外線を放射していますが、地球表面も赤外線を中心とした放射エネルギーを出しており、これを**惑星放射**（terrestrial radiation もしくは Earth's radiation）と呼びます。惑星放射は表面温度が高いほど大きくなるため、入ってくる太陽放射とエネルギーがつりあうまで表面温度は上がり、同じだけの惑星放射が出てゆくような温度で止まります。これが**エネルギー平衡の概念モデル**（energy balance model）です。このシンプルな考え方から求まる表面温度は -18℃ほどになります（**図2.2**）。

図 2.2　エネルギー平衡の考え方

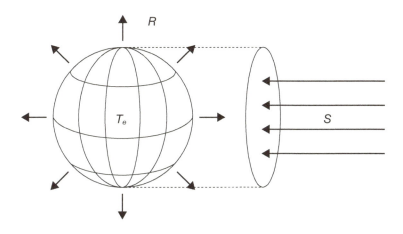

大気の空間的な温度分布を考慮しないことから、特に 0 次元エネルギー平衡とも呼ばれる。S は単位面積あたりの太陽放射（太陽定数と呼ぶ）、R は単位面積あたりの惑星放射で、ともに単位は W/m²。太陽定数には微小な変動があるが、およそ 1365 W/m²。昼夜は考えず、地球表面は温度 T_e で一様な状態とする。このとき、地球の半径を r とすれば、地球から出てゆく惑星放射の総量は R に表面積 $4\pi r^2$ をかけたものに等しい。一方、太陽は十分地球から遠く、太陽放射は一方向から平行に入射すると考えてよい。地球表面は雪や氷のように反射率の高い物質で一定面積が覆われており、太陽放射の一部は反射されて宇宙空間へ戻る。従って、地球が受け取る太陽放射の総量は、**惑星アルベド（反射能、planetary albedo）** を A として $(1-A)S$ に地球の断面積 πr^2 をかけたものになる。これらの出入りする放射がつり合った状態を考えると、

$$(1-A)S = 4R \quad \cdots \text{①}$$

となる。地球が**黒体（black body）** であると仮定すると、単位面積あたりの惑星放射は**ステファン-ボルツマンの法則（Stefan-Boltzmann's law）** に従い、温度 T_e を用いて $R = \sigma T_e^4$ と表せる（σ はステファン-ボルツマン定数と呼ばれる物理定数で、5.67×10^{-8} W/m²/K⁴）。これを①式へ代入して T_e について解くと、

$$T_e = \sqrt[4]{\frac{(1-A)S}{4\sigma}} \simeq 225\,\text{K} = -18\,°\text{C} \quad \cdots \text{②}$$

という**有効射出温度（effective emission temperature）** が得られる。これが、0 次元エネルギー平衡から導かれる平衡温度である。

　現在の全球平均気温は 15～16℃ です。エネルギー平衡モデルから導かれる気温が実際より 33～34℃ も低くなってしまうのはなぜでしょうか。ここで忘れてならないのは地球大気の**温室効果（greenhouse effect）** です。温室効果という言葉は、ビニールハウスの中の空気が暖まるイメージを想

起させますが、ビニールハウスの中が暖かい原理と地球の温室効果の原理は異なります。ビニールハウスが暖かいのは、ビニールが内外の空気の熱伝導や混合を防ぐためです。他方、地球の温室効果は、大気という目に見えない毛布が地球にかかっていると思った方が近いかもしれません。

温室効果は、大気中の微量気体のいくつかが持つ性質で、地球表面からの惑星放射を吸収し、下向きに（地球に向けて）放射することで生まれます。これは実際には分子レベルで生じる量子力学的なプロセスですが、そのマクロな効果として、惑星放射の一部が地表に戻ってくることで、地表面を暖めるように働きます。

温室効果自体は1世紀以上も前に発見され、現在では物理学的に確立した概念です（**図2.3**）。惑星放射を吸収・射出する気体を**温室効果ガス（greenhouse gasses, GHG）**と総称しますが、このGHGの特異な性質は、太陽放射に対してはほとんど働かないということです（**図2.4**）。地球から出てゆくエネルギーにのみ作用することで、エネルギー平衡の温度は$-18℃$よりもずっと高くなり得ます（**図2.5**）。

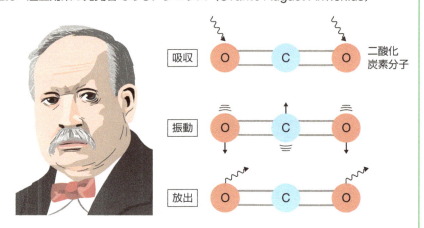

図2.3 温室効果の発見者であるアレニウス（Svante August Arrhenius）

アレニウスは1896年、世界で初めて、化石燃料の燃焼などによる二酸化炭素排出が地球温暖化を引き起こすと提唱したが、当時の彼は温暖化を好ましいものと捉えていたようである。温室効果は実際には分子レベルで起こる現象で、二酸化炭素などの気体分子が光子によって振動したりすることで放射エネルギーを吸収する。

図 2.4 (a) 太陽および地球の温度に相当する黒体放射のエネルギーと、(b) 地球大気による放射の吸収率（%）

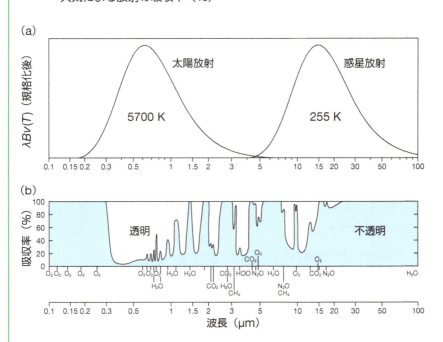

横軸は波長で、各波長帯で吸収を生じる温室効果ガスを記号で記してある。放射を吸収する波長は物質ごとに決まっており、惑星放射に対しては水蒸気（H_2O）、二酸化炭素（CO_2）、メタン（CH_4）、酸化窒素（N_2O）、オゾン（O_3）などが主要な温室効果ガスとして複数の吸収帯をもつ。これらの気体は、波長の短い太陽放射に対する吸収帯をもたないため、全体として大気は太陽放射に対しては透明だが、惑星放射に対しては不透明であるという性質をもつことになる。Piexoto and Oort (1992) に加筆修正。

図 2.5 温室効果の概念図

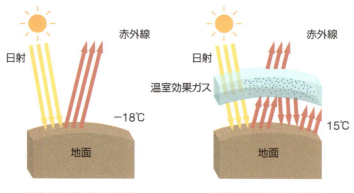

温室効果ガスがない場合　　温室効果ガスがある場合

0次元エネルギー平衡に温室効果を簡単な形で取り込むと以下のようになる。
地表温度を T_s、大気温度を T_a とする。太陽放射 S はすべて地表に到達するが、地表からの惑星放射はすべて大気が吸収すると仮定する。このとき、大気は気温に応じて上向きと下向きに同じ量の惑星放射を出すので、地表面と大気それぞれについて放射エネルギーのつり合いを考えると、

$$(1 - A)S + \sigma T_a^4 = \sigma T_s^4 \quad \cdots \quad ③$$
$$\sigma T_s^4 = 2\sigma T_a^4 \quad \cdots \quad ④$$

となる。両辺を各々足せば、大気を考えない場合のエネルギー平衡①になることがわかるので、$T_a = T_e$ である。上式から T_a を消去すれば、$T_s = \sqrt[4]{2}\, T_e \simeq 30℃$ となる。大気が地表からの惑星放射をすべて吸収するというのは極端な仮定なので、温室効果が強すぎて実際の地表気温よりもかなり高い値になっているが、これが最も簡単な温室効果のモデルである。

2.3 気候フィードバック

　温室効果ガスが放射を通じて気候に与える影響は、その濃度が気候システムの外でコントロールされている場合、一方向的でわかりやすいものです。ところが、気候システムには気温の変化に応じて変わるものが多くあり、それらも太陽放射や惑星放射に影響します。これは、気候変化を増幅したり抑制したりといった効果をもち、まとめて**気候フィードバック**（climate feedbacks）と呼ばれます。

フィードバックというのはもともと制御工学などの分野で使われていた言葉ですが、ある変化を助長するか引き戻すかによって、正のフィードバックあるいは負のフィードバックといった言い方をします。例えば音楽を習うことを例に考えてみましょう（スキルが気候変化に対応）。最初は誰しも練習しますが、上達が早くてハマるとモチベーションが上がり、自分から練習時間を増やしてさらに上達します。これが正のフィードバックがかかった状態です（**図 2.6a**）。逆に、上達が遅いとつまらなくなり、練習もさぼるようになるので上達しないか、逆に下手になってしまいます。このときは負のフィードバックが働いています（**図 2.6b**）。

　気候システムには、大きく４つのフィードバックがあることが知られています。以下で、それぞれを簡単に説明します。

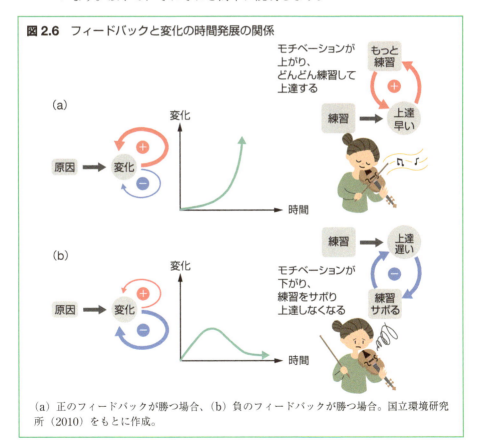

図 2.6　フィードバックと変化の時間発展の関係

（a）正のフィードバックが勝つ場合、（b）負のフィードバックが勝つ場合。国立環境研究所（2010）をもとに作成。

2.3　気候フィードバック | 19

プランクフィードバック（Planck feedback）

すべての物体は表面温度に従って電磁波を放射しています。このとき、温度が高いほどエネルギーの大きな波長の短い電磁波の割合が多くなるという**プランクの法則**（Planck's law）が働きます。このため、表面温度が約 6000℃ の太陽からの放射には X 線や紫外線などの短波長の電磁波が多く含まれる一方、表面温度が約 15℃ の地球からの放射は赤外線のように長波長の電磁波が主となります（**図 2.4**）。

プランクの法則を利用した赤外センサーはさまざまな場面で活用されています。例えば、空港に設置されているサーモグラフィは、感染症の侵入防止のため、特に体温の高い（発熱している）人を見つけるのに役立っています（**図 2.7a**）。あるいは、上空の雲の温度が低いことから、人工衛星

図 2.7 赤外放射とプランクフィードバック

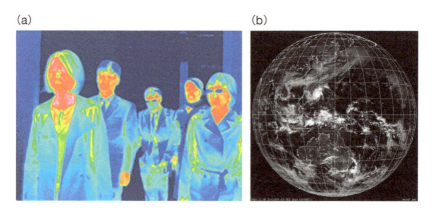

(a) サーモグラフィで測った人が放射する赤外線画像および（b）ひまわり 8 号が観測する地球放射の赤外画像（画像はそれぞれ日本アビオニクス株式会社 http://www.avio.co.jp および気象庁より）。色の付け方は画像処理によるので、赤外放射が多い部分を（a）では赤で、（b）では黒で示している。ともに、温度が高いところほど多くの赤外線を放射している。ステファン・ボルツマンの法則に従うと、平均表面温度 $T_0 = 15℃$ である物体の温度が 1℃ 上昇すると、$4\sigma T_0^3 \simeq 5.4 \text{ W/m}^2$ のエネルギーが放射される。エネルギーを失うことで、表面温度が下がるという負のフィードバックが働き、表面温度が一定に保たれるような調節機構として機能する。仮に地球表面が深さ 50 m の一様な海で覆われていたとすると（これは実際の海洋混合層に相当する）、プランクフィードバックによって 1 年ちょっとで温度は元に戻ると計算される。

に搭載された赤外センサーは、晴天の領域と雲に覆われた領域の判別を可能にしています（**図 2.7b**）。

人間にはさまざまな体温調節機能が備わっていますが、地球の「体温」を調節する最も基本的な働きは、プランクの法則に従う単純な負のフィードバックです。すなわち、表面気温が上昇すれば、それに応じて赤外放射が増えて余分なエネルギーを宇宙に逃がすので、温度は元に戻ろうとします。これを上回る正のフィードバックがあれば、理論的には温度上昇が止まらなくなる、いわゆる「暴走」状態になります。しかし、現在の地球の気候でそうした暴走が起こることは非常に考えにくいため、大まかに考えれば気候は安定しているとみなすことができます。

氷-アルベドフィードバック（ice-albedo feedback）

エネルギー平衡の概念モデルでは、太陽放射のうち一定の割合（A）は地球表面で反射されてそのまま宇宙へ戻ると考えました（**図 2.2**）。この A、すなわち惑星アルベドは、宇宙から見た地球表面のうち雲や雪氷で白く覆われている部分の割合と思ってもらえればいいのですが、実際の値はおよそ 0.3（表面積の 30%）です（**図 2.8a**）。

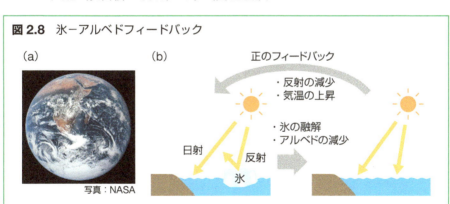

図 2.8　氷-アルベドフィードバック

大気の上端に到達する太陽放射は 340 W/m^2。そのうち 100 W/m^2 ほどが反射されて、地球が受け取ることなく宇宙に戻ってゆく。すなわち、地球全体のアルベドはおよそ 0.3 となる。（a）人工衛星の可視画像で見た地球の姿において白くなっている部分が太陽放射を反射する。惑星アルベドの約半分は雪氷で、残りは雲で説明される。（b）氷-アルベドフィードバックは、地表気温の上昇とともに雪氷が融け、地球全体のアルベドが下がることで日射が増えてさらに気温が上昇するという正のフィードバック過程である。

陸上の積雪や極域の海氷は、地表気温が上がれば雨に変わったり融解したりするので、雪氷圏は温度上昇とともに縮小します（**図 2.8b**）。これは惑星アルベドの低下に繋がるため、地表が受け取る太陽放射が増えてさらなる地表気温の上昇をもたらします。このプロセスを氷-アルベドフィードバックと呼びます。氷-アルベドフィードバックは雪氷の存在する極域で生じるものですが、その結果として地球全体の気温上昇を増幅するため、全球気温に対しても正のフィードバックとして働きます。

水蒸気フィードバック（water vapor feedback）

温室効果ガスにはいろいろあり、全体として地球放射を吸収する性質をもちます（**図 2.4**）。その中で、最も強い温室効果をもつのは実は二酸化炭素ではなく水蒸気です。大気中に含まれる水蒸気の上限は、相対湿度 100％ となる飽和水蒸気量で決まります。地表から高度 10〜15 km までの**対流圏**（**troposphere**）と呼ばれる大気の層では、空気が鉛直によく混ざっており、地表気温が上がれば対流圏の気温も高くなり、それに伴って水蒸気量も増えます。また、地表気温と海面の水温は密接に連動しているため、海面水温が高くなることで、蒸発が増えて大気により多くの水蒸気が供給されます。結果として、大気の相対湿度は全球平均でほとんど変わらないのですが、このとき水蒸気自体は増えているので、その温室効果で地表および対流圏の大気は暖められます（**図 2.9**）。水蒸気は、気候システムにおけるもっとも強い正のフィードバックを生じ、仮に二酸化炭素の増加だけで地表温度が 1℃ 上がったとすると、水蒸気フィードバックはそれを 70％ も増幅させる効果をもちます。「水蒸気も二酸化炭素も同じ温室効果ガスなのに、なぜ水蒸気だけ別扱いでフィードバックと呼ぶのか？」という疑問を持たれた方は、コラムで説明しているので、そちらをお読みください。

雲フィードバック（cloud feedback）

水蒸気や氷-アルベドフィードバックは、ほぼ確実に気候に対して正のフィードバックとして働きます。それに対して、大きさや正負の符号さえもよくわかっていないのが、雲フィードバックです。このフィードバックは、全球平均地表気温が上昇したときに雲の分布や被覆率、あるいはアルベドなどがどう変わるのかといったことで決まります。これらは、雲粒の

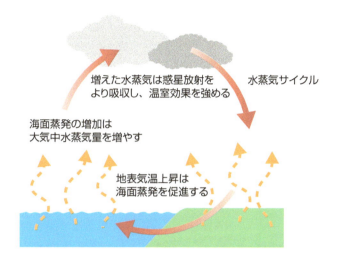

図 2.9 水蒸気フィードバック

地表気温の上昇は、大気中の水の循環を強化する。暖まった海水面からはより多くの水蒸気が蒸発し、大気中にとどまることで、惑星放射を吸収・再射出して地表気温をさらに上昇させる。水蒸気の正のフィードバックは、大気中の相対湿度がほぼ一定だと考えると、1℃の地表気温上昇を 1.7℃ 程度まで増幅すると計算される。

　ミクロなスケールから全球規模の大気循環まで幅広いスケールにまたがる複雑な問題です。雲フィードバックを考えるには、そもそも現在の気候に雲が果たす役割を理解する必要があります。

　雲はその白さゆえに高いアルベドをもち、雪氷と同様に太陽放射を反射することで地表気温を下げる働きがあります（**図 2.8a**）。一方で、巻雲のように薄い雲を除けば、多くの厚い雲には水蒸気と同じように地表からの惑星放射を吸収・再射出する温室効果があります。反射と吸収・再射出の大きさはどちらも 30〜50 W/m^2 ですが、正負が逆なので、正味で雲が気候を暖めるか冷やすかは、それらの差で決まります。ここで難しいのは、冷却効果が雲の高さにさほどよらないのに対して、温室効果は雲の高さによってその強さが違うということです（**図 2.10a**）。

　この点について、詳しく見てみましょう。雲の温度は周囲の気温と大体同じですが、気温は上空ほど低いので、高い雲ほど雲頂から出てゆく惑星放射が小さくなり、雲がない場合に地表から出てゆく放射との差（すなわ

2.3　気候フィードバック

図 2.10 雲フィードバック

(a)

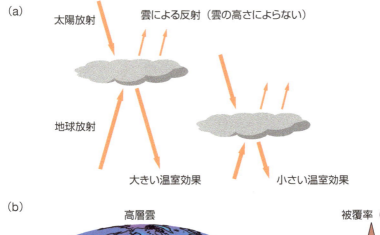

(b)

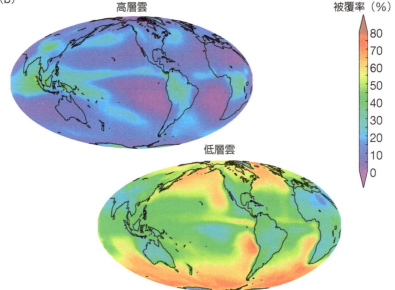

（a）地球上にはさまざまな高さの雲が存在し、それぞれ正味の放射効果が異なる。高層の雲は大きな温室効果によって正味で地表を暖めるが、低層の雲は日射を反射する効果が温室効果に勝るので、地表を冷却する。（b）人工衛星から観測される高層雲と低層雲の分布。それぞれ被覆率（%）で表してある。高層雲と低層雲は大まかには相補的な分布をしているが、全球平均では低層雲の方が多い。雲フィードバックは、これら異なる高さの雲が、地表気温の上昇に伴って増えるか減るかで決まる。

ち雲の温室効果）が大きくなります。逆に、地表に近いところの雲は雲頂の温度が地表気温と大きく違わないために、温室効果も小さくなります。したがって、大まかにはかなとこ雲のような高層の雲では「温室効果＞冷却効果」、層積雲などの低層の雲では「温室効果＜冷却効果」となるわけです。地球全体では、これらの合計で雲の気候への放射効果が決まります。現在の気候では、高層雲よりも低層雲が多いので（**図 2.10b**）、正味の効果は 15〜20 W/m^2 の冷却であると考えられています。

さて、雲のフィードバックの話に戻りましょう。全球地表気温が上昇したときに、例えば高層雲が減る、あるいは低層雲が増えれば、負のフィードバックということになり、逆ならば正です。高層雲については、どうやら正のフィードバックをもつらしいことはわかっているのですが、低層雲が増えるのか減るのか、さらに雲の白さや厚さがどう変わるのか、といったことはまだはっきりとわかっていません。その理由は、第 4 章で述べる気候のシミュレーションにおいて、雲の性質や分布を正しく計算することができていないためです。

「大気の流れのシミュレーションができるのに、日常的に目にする雲をきちんと計算できないのか」と不思議に思われるかもしれませんが、先に述べたように、雲の生成と消滅はマクロからミクロにまたがる現象で、現在のシミュレーションには主に計算機の能力的制限から、一つ一つの雲を計算できるような細かさがないのです。雲のフィードバックに伴う不確実性は、現在の地球温暖化予測において最も重要な未解決課題の一つと言えます。

2.4 平衡応答と過渡応答

エネルギーがつり合っている現在の気候に、正味のエネルギーの出入りを変えるような**放射強制**（radiative forcing）が加わると、気候が変化します。エネルギー平衡で気候の変数は温度ですから、放射強制を F、それに対する気温変化を ΔT、エネルギーの不均衡を ΔN とすると、気候変化に伴うエネルギーの収支式は以下のように書けます。

$$\Delta N = F - \lambda \Delta T \qquad (1)$$

ここで、λ は前節で紹介した気候フィードバックの正負と大きさを表すものです。実際には、プランクフィードバック（λ_{Planck}）、氷-アルベドフィードバック（λ_{albedo}）、水蒸気フィードバック（$\lambda_{\text{water vapor}}$）、雲フィードバック（$\lambda_{\text{cloud}}$）の和

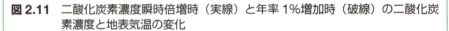

$$\lambda = \lambda_{\text{Planck}} + \lambda_{\text{albedo}} + \lambda_{\text{water vapor}} + \lambda_{\text{cloud}}$$

として λ が求まります。

　太陽活動の変化など、気候システムの外部にあって気候を変え得るものならすべて放射強制と呼べますが、ここでは話を地球温暖化に絞り、F を二酸化炭素濃度の上昇による温室効果の増大だとしましょう。実際の大気中の二酸化炭素濃度は一定ではなく、20世紀後半に加速度的に上昇していますが（詳しくは後述、**図 3.6** 参照）、話を簡単にするため、F は一定、すなわちある時点で二酸化炭素濃度が倍になり、その後同じ濃度を保ち続けると考えましょう（この仮定によって話の一般性は崩れません）。このと

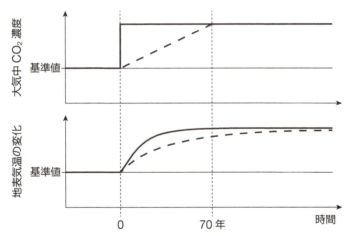

図 2.11　二酸化炭素濃度瞬時倍増時（実線）と年率1％増加時（破線）の二酸化炭素濃度と地表気温の変化

このような理想的な状況でシミュレーションを行うことで、気候システムが強制に対してどう振る舞うかを理解しやすくなる。二酸化炭素濃度を年率1％で増加させると、70年で倍になる（縦の点線）。このときの気温の応答（過渡応答）は、瞬時倍増時の応答よりも小さい。気温の応答は、比較的早い時間スケールで大部分が終了するが、気候のゆっくり変化する要素のために、最終的に平衡状態になったときの応答（平衡応答）には数百年の時間を要する。

き、気温上昇は初期に大きく、その後緩やかに一定値に近づいてゆきます（**図2.11** 実線）。この間、気候フィードバックはエネルギーのつり合いを取り戻そうと働いており、十分な時間が経つと $\Delta N = 0$ となって**平衡気候応答**（equilibrium climate response）が成立します。

これに対して、やや現実的に、二酸化炭素濃度が上昇し続ける場合を考えると、気温変化の様子は少し変わってきます。仮に二酸化炭素濃度が年率1%で増えてゆくと、70年目にはちょうど倍の濃度になっていますが、このときの気温上昇は平衡応答よりも小さく、まだ変化が続いています（**図2.11** 破線）。エネルギー収支で言えば、まだ ΔN がゼロになっていない状態です。こうした応答は現在の気候でも起きていることで、**過渡的気候応答**（transient climate response）と呼びます。

平衡応答と過渡応答の違いはどこに現れるのでしょうか？　これを理解するには、二酸化炭素濃度瞬時倍増時に気候システムが平衡応答に至る間に起きる応答がアナロジーとして役に立ちます。まず、地表の気温は地球の7割を覆う海面の水温でほぼ決まると考えます。放射強制に対する気候変化の時間スケール τ は、大気、地表面、海洋それぞれの熱容量に従って

$$\tau(大気) < \tau(地表面) < \tau(海洋深層)$$

と大きく三つあります。二酸化炭素濃度が倍増した直後には、大気のみが変化します（**図2.12a**）。このとき、大気の気温構造や雲が変わることで正味の放射強制 F が定まりますが、海洋は平衡には程遠いため、余分なエネルギーを吸収し始めます。海洋の熱吸収が進むと、海面の水温上昇に応じて地表気温が決まり、それが水蒸気や雲、雪氷などを変えることで気候

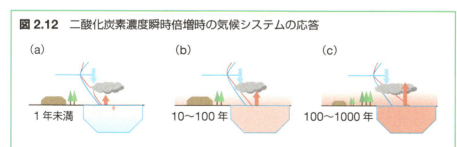

図2.12　二酸化炭素濃度瞬時倍増時の気候システムの応答

(a) 倍増直後の状態、(b) 平衡に向かう過渡的な状態、(c) 平衡応答。青線は現在の気候における気温分布、赤線は気候変化時のものを表す。放射強制と海面水温の上昇に伴う地表からのエネルギー射出を矢印で示す。Knutti and Hegerl（2008）より。

フィードバックが働きます（**図 2.12b**）。数百年たって海洋がそれ以上余分な熱を吸収しなくなれば、平衡応答になります（**図 2.12c**）。過渡的気候応答は、F が増え続けることで**図 2.12a, b** のような状態が長く続くことに相当します。ここで注意すべきは、気候変化が落ち着くまでにかかる時間はあくまでシステムの熱容量によって決まる、ということです。

2.5 平衡気候感度と気候フィードバック

　現実の地球温暖化はいうまでもなく過渡的気候応答です。そのときの気温変化は、(1) 式に従えば、GHG の増大による放射強制（F）、海洋が吸収しているエネルギー（ΔN）、そして気候フィードバックの大きさ（λ）がわかっていれば求まります。これらはすべて気候シミュレーションから得られる数字なので、「将来の GHG 排出量さえ見積もることができれば、気温上昇が何℃になるかは確実に言えるのだろう」と思われるかもしれません。しかし、多くの先端科学同様、気候のサイエンスにも、我々の気候に対する理解不足からくる不確実性があります。温暖化の気温上昇を決める (1) 式の変数のうち、特に気候フィードバックには大気中のさまざまなプロセスが関与するため、$0.8 \sim 2.3 \text{ W/m}^{-2}/\text{K}$ と大きな幅が生じています（**図 2.13**）。

　GHG を増加させたときに全球地表気温が何℃上昇するかは、地球温暖化問題を定量化する上で最も基本的な量です。これは、二酸化炭素濃度を倍増させたときに (1) 式から決まる平衡応答

$$\Delta T_{2\text{xCO2}} = F_{2\text{xCO2}}/\lambda \tag{2}$$

で表されます。この $\Delta T_{2\text{xCO2}}$ を**平衡気候感度**（equilibrium climate sensitivity, ECS）と呼び、その正確な推定値を導こうと世界中の気候科学者が研究を進めています。二酸化炭素濃度倍増時の放射強制（$F_{2\text{xCO2}}$）は、比較的誤差のない理論計算から約 3.5 W/m^{-2} と求められています。これと、**図 2.13** の気候フィードバック $0.8 \sim 2.3 \text{ W/m}^{-2}/\text{K}$ を用いると、ECS $= 1.5 \sim 4.5$ ℃ という数字が得られます。

　過渡的気候応答は ECS の半分強と見てよいので、二酸化炭素濃度が産業革命以前（285 ppm）の倍（570 ppm）になる頃（今世紀のどこかである

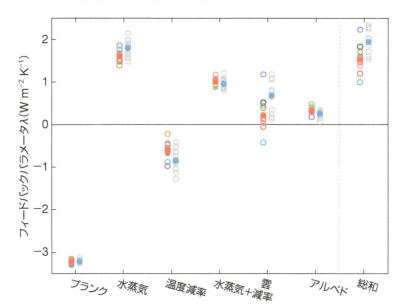

図 2.13 気候モデルのシミュレーションから推定される、二酸化炭素濃度瞬時倍増時の気候フィードバック λ の値

色の違う丸印は異なるシミュレーションの結果。プランクフィードバックはほぼ放射強制を打ち消す大きさだが、これに他のフィードバックをすべて足すと全フィードバックは正になる。フィードバックによっては、モデル間でばらつきが大きく、そのため全フィードバックにも 1.5 W/m^{-2}/K ほどの幅がある。IPCC（2013）より。

可能性が高い）の気温上昇は、ざっくり 1〜2.5℃ 程度となります（現実的な計算では、自然の太陽活動の変動や人間活動由来のエアロゾルなどの放射効果があるので、数値は多少変わります）。将来の気温上昇が 1℃ か 2℃ かによって、人間社会や生態系などへの影響は変わりますから、確かな緩和・適応計画のためにも推定される ECS の幅を狭めることは非常に重要です（第 8 章）。

ECS の不確実性を狭めるために必要な知識は何でしょうか。**図 2.13** をもう一度見ると、どのフィードバックにもそれなりの幅がありますが、雲フィードバックが特にばらついていることがわかります。先に述べた通り、現在の気候のシミュレーションでは個別の雲の詳細を計算することは不可能で、雲のマクロな特徴だけを計算しています。そこには多くの仮定が必

図 2.14　亜熱帯海洋上に発生する層積雲

こうした下層の雲が温暖化時にどう気候にフィードバックするかを正しく理解することが、気候感度の推定にとって鍵となる。

要となり、結果としてフィードバックがばらつくのです。

　雲フィードバックは、大きく高層雲と低層雲の寄与に分かれますが（**図2.10**）、とりわけ亜熱帯海洋上の低層雲（**図2.14**）の効果は、現在の気候モデルでは必ずしも正確に計算できません。下層雲に強く影響する大気下層の微細な乱流過程や気温・水蒸気の構造が複雑な挙動を示すためです。一言でいえば、地球が温暖化したときに下層の雲がどう応答するのかを我々はきちんと理解していないのです。今後の新しい観測やシミュレーションによって、こうしたプロセスの理解が進めば、気候感度の推定がより確実になってゆくと期待されます。

column　地球温暖化の水蒸気犯人説？

　二酸化炭素の増加が温暖化をもたらすという説明に異を唱える人たちからは、「地球にとって最大の温室効果ガスは水蒸気であるのに、その効果に目を向けないのはおかしい」という疑問がしばしば聞かれます。これは正しいのでしょうか。

　水蒸気が最も大きな温室効果をもたらしていることは2.3節で説明した通り事実です。温室効果ガスは種類によって異なる波長の惑星放射を吸収しますが、水蒸気は赤外線よりも波長の長い放射を広い波長帯にわたって吸収し、その効果は二酸化炭素の2～3倍もあると言われています。しかし、観測されている温暖化が人間活動によって生じているという前提に立つと、水蒸気は温暖化の重要な「共犯者」ではありますが、「主犯」ではありません。なぜかと言えば、人間社会が二酸化炭素を排出することで大気中の二酸化炭素濃度を確かに上昇させているのに対して、水蒸気は人間がコントロールできない量だからです。

　水蒸気は気候システムの水循環（液体の水や固体の氷を含む）の一部であり、他の微量な温室効果ガスに比べて圧倒的に多く大気中に存在しますが、この水循環のエネルギーは、人間活動によって生み出されるエネルギーなど比較にならないくらい大きいのです。例えば、降水の集中する赤道地域ではおよそ1日あたり4 mmの雨が降りますが、これは年間120兆トンの水に相当します。これだけの水蒸気を海から蒸発させるためには、8×10^{16} kWhの電力、すなわち日本の総発電量の10万年分ものエネルギーが必要なのです。したがって、人間活動によって排出される水蒸気（かんがい作物からの蒸発や発電所の冷却によるものなど）はあったとしても、自然の水蒸気量を変えるほどの効果はありません。

　では、人間が水蒸気をコントロールできないならば水蒸気は温暖化とは無関係か、と聞かれれば、そんなことはありません。水蒸気は主に気温がコントロールしています。全球平均の水蒸気量は、熱力学の法則に従って、気温1℃の上昇あたり約7％増えることがさまざまな気候のシミュレーションから明らかになっています。したがって、何かの原因で全球の気温が変われば、その結果水蒸気量も変わり、元来水蒸気がもつ温室効果が強まったり弱まったりすることでさらに放射を通じて気温を変える、という水蒸

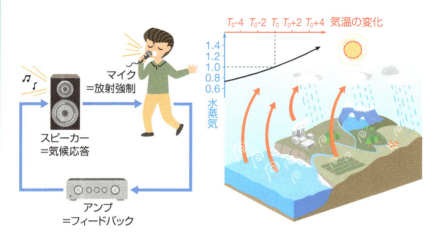

図 2.15 地表の温暖化に伴って、蒸発の増加による大気中の水蒸気量が増え（左上のグラフ）、水蒸気の温室効果がさらに地表の温暖化を促進する

右の図中の白い渦巻は蒸発を、赤矢印は惑星放射を表す。この過程は気候フィードバックの一部であり、現在の温暖化の理論には組み込まれている。右の図は IPCC（2013）より。

気フィードバックのメカニズムが気候システムには内在しているわけです。

　人為起源の温暖化で言えば、まず人間活動による二酸化炭素濃度の上昇があり、二酸化炭素の温室効果で気温が上がります。これが水蒸気の増加をもたらし、さらに水蒸気の温室効果で気温が上がる、という正のフィードバックが働きます。このフィードバックというのは、ちょうどスピーカーのアンプのような働きで、声の入力（二酸化炭素による温暖化）を増幅しますが、逆に言えば入力がなければ何もしません（**図 2.15**）。その意味で、水蒸気の温室効果は温暖化メカニズムの「共犯」なのです。現在の地球温暖化の理論やシミュレーションでは、水蒸気フィードバックを考慮しています。

第3章 地球史のなかの気候変化

3.1 地球46億年の歴史

　今でこそ、書店には温暖化の解説本が並んでいますが、昔から最も人々の関心を引いてきた地球科学の話題は、**地球史**（Earth's history）でしょう。生命の誕生、恐竜の絶滅から哺乳類の時代へ、氷期と間氷期など、現在の社会からはかけ離れたドラマチックな地球の変遷に思いを馳せると、宇宙の果てを想像するのに似た知的興奮を覚えます。

　地球誕生からの46億年を1年に例えれば、恐竜の絶滅が12月26日、現生人類（ホモ・サピエンス）の出現は大晦日の夜11時37分ですから、ヒトは地球史上ではほんの一瞬の栄華を享受しているだけの存在です。我々の文明社会は、**第四紀完新世**（Quaternary period, Holocene）と呼ばれる、最終氷期が終わった後の1万年ほどの比較的安定した気候のもとで発達しましたが（図3.1）、そうした安定な気候はこの惑星ではむしろ珍しいことを、地球史は教えてくれます。

　本章では、過去の気候と大気組成がどのように変遷してきたかを、古い時代から順に見てみましょう。

3.2 地球先史：地球誕生からカンブリア爆発まで（46億年～5億年前）

　太陽系の初期、原始地球は微惑星の衝突により形成されました。その頃の地球にも大気がありましたが、主成分は太陽と同じく水素やヘリウムといった軽いガスであり、現在の地球の大気とは全く違っていました。この

図 3.1 地球史を 1 年の時計として表した「地球時計」

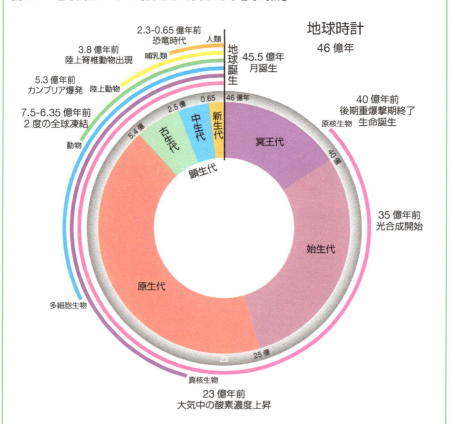

地球の誕生から現在までの時代変遷、生物相、主な出来事が記されている。現在の地質時代区分である第四紀完新世（約 1 万年前〜現在）は、地球時計では 12 月 31 日午後 11 時 58 分 40 秒以降にすぎない。

　初期大気はその後、原始地球内部に取り込まれていた窒素や二酸化炭素が大気中に出てくる（脱ガスする）ことで、現在に繋がる大気組成に変わったと考えられていますが、そのきっかけはドラマチックなものでした。

　原始地球の誕生から数億年程度の間に、火星ほどの大きさの天体が衝突し、その衝撃で地球表面がドロドロに溶融してマグマの海（マグマオーシャン）で覆われました。マグマオーシャンの温度は 1000℃を超えていたため、マグマに溶けていた気体成分である水蒸気、窒素や二酸化炭素が放

出されました。マグマオーシャンはその後冷えてゆき、地殻が形成されるとともに、大気中の水蒸気が凝結して大量の雨が降り続くことで原始の海洋ができます。ちなみに、この激変をもたらした天体の衝突は**ジャイアント・インパクト**（**giant impact**）と呼ばれ、このとき飛び散った破片が集まってできたのが月だと考えられています。

　ここで、生命にも目を向けてみましょう。一昔前の地学の教科書では、「地球の歴史上で生命が出現したのは最近のこと」と書かれていました。しかし、最近では古い時代の生命の証拠が次々出てきて、生命の誕生は原始地球の形成からさほど時間の経っていない40億年ほど前だったことがわかっています。もっとも、このときの生命というのは、海中のアミノ酸などが化学反応してできた核のない単細胞生物で、核をもつ多細胞生物に進化するには実に35億年もの時間が必要でした。

　その間、地球環境はさらに激変します。その最たるものが、地球がすべて氷で覆われた**全球凍結**（**スノーボールアース、snowball Earth**）というイベントです。今では、全球凍結が少なくとも3度（約23億年前、7億年前、6.5億年前）は起こったことが確かになりつつあります。この説が提唱された当初は「地球全体が凍り付くはずはない」という疑いの声があがったものの、その後、赤道近くでも氷河性の堆積物が見つかるに及んでスノーボールアース仮説が受け入れられていったのです。

　一方、実は気候科学の世界では、複数の異なる気候の状態（平衡解）が存在するという**多重平衡**（**multiple equilibria**）の理論が1960年代に示されていました（Budyko 1969, Sellers 1969）。その平衡解の一つが今でいうスノーボールアースに相当します。多重平衡のメカニズムは**図3.2**で簡単に説明していますが、全球凍結状態をもたらすのは前章で述べた氷－アルベドフィードバックです。

　原始の地球上には雪氷が存在しませんでしたが、やがて表面が冷えてゆくにつれ極冠に氷床が現れてきます。地球上に氷床のある時期を氷河時代と呼びますが（その意味では現在も地球史の上では氷河時代です）、氷床が一定以上広がると、氷－アルベドフィードバックによってさらに気温が下がり、最後には地表がくまなく氷で覆われた全球凍結に至ります。現在の気候でスノーボールアースにならないのは、大気中の二酸化炭素などによる温室効果のせいで、それほどの寒冷化が起こらないためです。簡単な理

図 3.2 スノーボールアースと気候の多重平衡

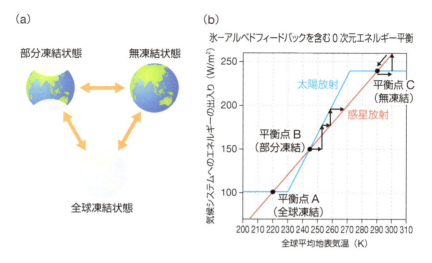

(a) 気候システムには氷–アルベドフィードバックによる三つの平衡状態がある。無凍結は氷床の存在しない状態、部分凍結は現在の気候のように地表の一部に氷床が存在する状態、そして全球凍結がすべて氷で覆われた状態である。(b) 三つの平衡状態を表す0次元エネルギー平衡の考え方。2.1 節と同様に、惑星放射（赤線）と太陽放射（青線）を表面気温 T の関数として示す。ただし、太陽放射を計算するときに惑星アルベド A が地表温度に応じて

$$A = \begin{cases} 0.3 & (273\,\mathrm{K} < T) \\ (1-b) \times 0.7 + b \times 0.3 & (230\,\mathrm{K} < T < 273\,\mathrm{K}) \\ 0.7 & (T < 230\,\mathrm{K}) \end{cases}$$

と変化することを用いる。ここで 0.3 は氷のない表面のアルベドで、$T > 273\,\mathrm{K}$ のときに相当し、0.7 は氷に覆われた表面のアルベドで、$T < 230\,\mathrm{K}$ のときに生じるとする。$230\,\mathrm{K} \leq T \leq 273\,\mathrm{K}$ の範囲ではアルベドは温度とともに変わり、係数は $b = (T - 230)/(273 - T)$ である。三つの平衡状態は、これらの放射のカーブの交点で実現する。平衡点 A と C では、矢印で示したように、何かの原因で少し温度が上昇しても、氷–アルベドフィードバックは働かず、プランクフィードバックによって元の状態に戻るので、安定な状態である。一方、平衡点 B では、氷–アルベドフィードバックがプランクフィードバックを上回るため、少し温度が上昇すると、氷が減少してアルベドが下がり、太陽放射が増えてさらに温度が上昇するので、不安定な状態である。平衡点 B はやがて A か C の状態へ遷移する。ただし、大気中のエネルギーの輸送にかかる遅れを考えると、平衡点 B も安定な状態になる。

論解では、全球凍結状態は安定で、一度起こってしまうとなかなか氷が消えないのですが、氷の下でも地球内部のマグマ活動は続いており、ときお

り起こったであろう火山噴火で少しずつ大気中に二酸化炭素が増えてくることで、全球凍結から抜け出したと考えられます。

全球凍結時には地表気温が－40℃にもなりました。現在の南極大陸上の気温と同程度です。そのような厳寒の環境で、しかも地球表面の水がすべて凍っている状況では、生命体は生き延びることができないだろうと想像できます。ところが、全球凍結はむしろ生物の進化を促した可能性があります（田近2016）。最初の真核生物が出現したのは約20億年前、1回目の全球凍結イベントの後でした。また、3回目の全球凍結から抜け出した約6億年前には、「**カンブリア爆発（Cambrian explosion）**」として知られるカンブリア紀の多細胞生物の爆発的な進化が見られます（グールド2000）。

全球凍結と生物進化の関係はまだわからないことが多いですが、全球凍結後に大気中の酸素濃度が上昇していることから、何らかの原因で酸素が大量に放出されたことが、呼吸を必要とする複雑な生命の出現をもたらした、という可能性が指摘されています。全球凍結イベントは、現在とは全く違う気候がかつて存在していたという意味で非常に興味深いですが、それ以上に、生命の進化と地球環境の変化の関係を理解する上で注目を集める地球史上の出来事だったわけです。

3.3 生物の繁栄（5億年前〜）

地質学的には、5.4億年前から現在までをまとめて**顕生代（Phanerozoic eon）**と呼びます。これは「肉眼で見える生物が生息している時代」という意味で、その名の通り地球上に生物が繁殖してくるのはこの頃からです。

陸上生物の誕生と大気の酸化

顕生代の始まりは、先に触れたカンブリア爆発と大気中酸素濃度の上昇で特徴づけられますが、このときの生命の進化は海の中でのみ起こっていました。それが、4.7億年ほど前になると、海中で光合成を行うコケの仲間がより光を求めて浅瀬から陸地へ進出してゆきます。陸上植物の誕生です。最初の両生類が陸上に現れるのが約4億年前ですから、およそ1億年

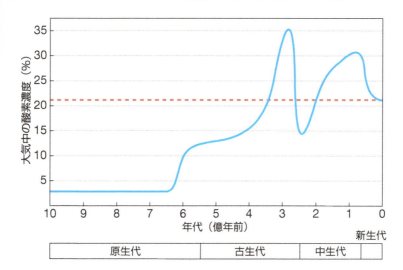

図 3.3 過去 10 億年の大気中の酸素濃度の変遷（赤線は現在の濃度）

6 億年前のカンブリア爆発までは 3% に過ぎなかった酸素は、古生代に入ると急激に増えてゆき、約 3 億年前の石炭紀末期には現在の 1.5 倍に相当する 35% もの酸素が大気中にあったと言われる。その後、P/T 境界（古生代と中生代の境）である 2.5 億年前に大きな環境の変化により生物の大量絶滅が起こり、光合成が停止して酸素濃度が 15% まで下がる。中生代から新生代にかけては再び酸素が増えてゆき、現在に至っている。

のあいだ陸地は植物と昆虫の世界だったのです。この時代、シダ類の大森林が陸上に形成され、光合成によって酸素濃度が上昇し、約 3 億年前には現在の 1.5 倍にもなる「濃い」空気が生まれていました（**図 3.3**）。

ちなみに、約 3.6 億年前から 3 億年前の時代を**石炭紀**（**Carboniferous period**）と呼びますが、これは森林が炭素を取り込んで地中に堆積し、多くが石炭として固定されたことによります。したがって、現在の温暖化の一因である石炭の消費は、この時代に自然が大気から地中に取り込んだ二酸化炭素を再び大気中に戻していることになるわけです。

P/T 境界の大絶滅

古生代（5.4 億年前〜2.5 億年前）の後半、石炭紀と**ペルム紀**（**Permian period**）には、小型の爬虫類も栄えてゆきます。このまま中生代の**三畳紀**（**Triassic period**）、**ジュラ紀**（**Jurassic period**）に突入して恐竜の繁

栄時代になりそうですが、ペルム紀と三畳紀の境界となる約2.5億年前に地上の生物にとって最大の危機が訪れます。それが、両方の頭文字をとって**P/T境界の大絶滅**（Permian-Triassic extinction event）と呼ばれる出来事です。地球史上では、有名な6500万年前の恐竜絶滅を含む5回の大量絶滅イベントが起こっていますが、P/T境界で起こったものはその中でも最大です。なにしろ、陸上生物種の70%以上、海洋生物に至っては90%以上がこのときに姿を消したと言われているくらいです。

　この絶滅を起こした環境の激変には諸説ありますが、超大陸パンゲアの形成に伴ってマントル対流が活発化し、巨大噴火が起こったことが最大の要因だったという考えが有力です。この噴火の爪痕はシベリアで見つかっていますが、これによる気候の変化がどういったものだったかはよくわかっていません。また、同時に海洋で酸素が欠乏する状態が長く続き、呼吸が必要な海洋生物のほとんどが絶滅しました。

　三畳紀末にもやや小さめですが絶滅イベントが発生し、このときはアンモナイト類が姿を消しました。かくして地上の生物相が一新し、ジュラ紀に始まる恐竜の時代を迎えます。

長い恐竜時代とその終わり

　ジュラ紀の始まりは約2億年前で、それから**白亜紀**（Cretaceous period）が終わる約6500万年前までの1億数千年の間、地上では恐竜が繁栄していたことは広く知られています。これほど長い期間に一つの生物相が存続したのは、温暖で安定した気候が持続したからだというのが定説です。1億年以上昔の古気候復元は難しく、ジュラ紀から白亜紀の二酸化炭素濃度の推定には幅がありますが、おおよそ現在の5～10倍と、非常に高濃度であったと見積もられており（図3.4a）、平均気温は現在より8～15℃も高かったという推定があります。

　マクロに地球史を見れば、大気中の二酸化炭素は徐々に減っているのですが、気温と地殻への炭素の取り込みの間には非常に長い時間をかけて働く負のフィードバックがあり（図3.4b）、時代によっては二酸化炭素濃度が高くなることもあります。ちなみに、映画『ジュラシック・パーク』はジュラ紀と冠されているものの、T-レックスやヴェロキラプトルなど「出演」する恐竜の多くは、より温暖化した白亜紀に生息していました。

図 3.4 顕生代の大気中二酸化炭素濃度と、地球史の時間スケールで自然の炭素循環に働くフィードバック

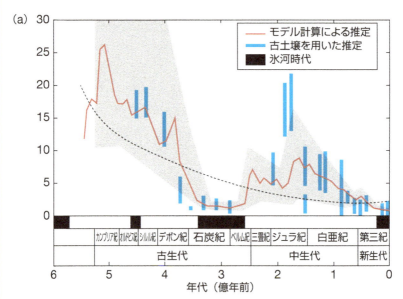

(a) 地球史において、二酸化炭素は大陸の形成とともに徐々に地殻に固定されてゆくのが大まかな傾向である（破線）が、中生代は一時的に二酸化炭素が大気に放出された時代であった（田近 2009 による）。(b) 火山活動によって定常的に二酸化炭素の供給があるとすると、やがて温室効果で気温が上昇する。大気中の二酸化炭素は、地殻の風化で炭酸塩鉱物として海洋に沈殿・固化するが、風化作用は温度に比例するため、やがて二酸化炭素が減ってゆき、気温が下がる。すると今度は風化による二酸化炭素の除去が抑えられて、再び二酸化炭素濃度が上昇する。このフィードバックは、発見者の名前から「ウォーカー・フィードバック」と呼ばれ、風化の時間スケールで起こる非常にゆっくりしたものである。

中生代は、パンゲア大陸が北のローレンシア大陸と南のゴンドワナ大陸に分裂していった時代でもあります。P/T境界から三畳紀以降に増えていった大気中二酸化炭素のせいで強い温室効果が働いたことが、温暖な気候を形成したと考えられています。実際、この時代には氷床が存在していたことを示す堆積物が見つかっておらず、無凍結状態（**図3.2**）だったと考えられます。では、ジュラ紀から白亜紀を通じて恐竜にとって天国のような気候だったかと言えば、必ずしもそうではありません。**図3.3**に示されている通り、ジュラ紀までは酸素濃度が低く、ちょうど3000 mの高原にいるときのような状態でした。したがって、温暖ではあっても「薄い」大気に恐竜は適応してゆく必要があったと考えられます。

よく知られているように、生態系の頂点にいた恐竜は、白亜紀の終わり（約6500万年前）に絶滅しました。このときには地球史上最後（五度目）となる**K/Pg境界の大絶滅**（Cretaceous-Paleogene extinction event）が起こっており、その引き金はP/T境界とは違って小惑星の衝突による環境の激変だったことがわかっています。これにより、再び地球上の生物相が一新する新生代を迎えたのです。

3.4 第四紀の気候：氷期と間氷期（260万年前〜）

新生代は、大陸配置が現在の形に近づくと同時に、寒冷化が進行した時代です。約4300万年前には南極氷床ができ始め、地球は何度目かの氷河時代を迎えます。生物相では、恐竜に代わって哺乳類が繁栄を始め、700万年前にはヒトの祖先である霊長類が出現します。ここでは、特に約260万年前からの第四紀における気候の変化に焦点をあてることにしましょう。

過去100万年の気候変動──氷期と間氷期の繰り返し

図3.5aは、南極周辺で採取された試料から復元された、過去100万年の気温の代替指標（第1章コラム）を示しています。水素や酸素には微量の同位体がありますが、これらは蒸発などの相変化の際に温度に依存して振り分けられます（この振り分けを同位体分別といいます）。アイスコア中の微量気体（閉じ込められた当時の大気の同位体比を反映する）や海底堆

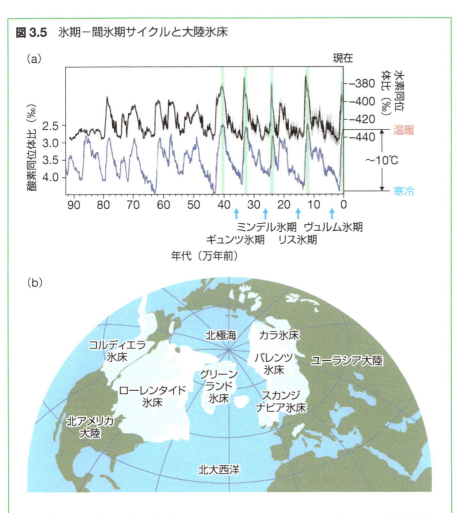

図3.5 氷期－間氷期サイクルと大陸氷床

(a) 過去100万年の気温の復元図。南極のドームCアイスコアから得られた水素同位体比と、底生有孔虫の酸素同位体比のデータ。どちらも気温の代替指標で、よく似た変動を示す。最近の40万年間には、明らかに約10万年の周期で寒冷な氷期と温暖な間氷期が繰り返されている。各氷期の名称と、急激な間氷期への遷移を図中に示す。Jouzel et al.（2007）より。(b) LGMの頃の北半球の氷床分布。現在の氷床面積約170万 km^2（ほとんどはグリーンランド氷床）に対して、LGMの氷床は約2000万 km^2 もあったと推定される。ソノマ州立大学 D. Freidel の講義録より。

　積物中の微生物の殻（死んだ当時の海水の同位体比を留める）などを分析することで、過去の気温や水温が推定できます。

図 3.5a からは、過去 100 万年の気温変動が非常に大きく、約 10℃ もの振幅をもっていたことがわかります。さらに興味深いのは、この変動がおよそ 10 万年の周期で、ゆっくりした寒冷化と急速な温暖化というギザギザな形で繰り返されていることです。自然の変動はたいていがランダムに見えるものですので、数年規模の気候変動であるエルニーニョ・ラニーニャのサイクル（第 6 章）を除けば、これほど明瞭な周期的変動はほかにはありません。

　新生代自体が氷河時代にあたるので、この変動は全球凍結と無凍結（**図3.2**）ほどに極端なものではなく、大陸氷床が拡大してより寒冷化してゆく時期と、一気に縮小して温暖になる時期、という二つの状態を表します。前者は**氷期**（glacial period）、後者は**間氷期**（interglacial period）と呼ばれており、特に現在に近い過去 40 万年間に起こった四つのサイクル（ギュンツ氷期、ミンデル氷期、リス氷期、ヴュルム氷期と、それらに挟まれた間氷期）について研究が進んでいます。

　現在は、**最終氷期**（last glacial period）であるヴュルム氷期が終わった後の間氷期であり、後氷期と呼ばれることもあります。最終氷期は約 7 万年前から 1 万年前まで続きましたが、この間でもっとも氷床が拡大した約 2.1 万年前を**最終氷期最盛期**（last glacial maximum, LGM）と呼びます。

　LGM の北半球における氷床分布は**図 3.5b** のようでした。北米大陸を広く覆っていた氷床には**ローレンタイド氷床**（Laurentide ice sheet）、北欧に広がっていた氷床には**フェノスカンジナビア氷床**（Fenoscandinavian ice sheet）という名前がつけられています。これらの氷河が削り取って運んだ岩石が、後氷期に地表に取り残された形で各地に見つかっていますが、そうした「迷子石」がニューヨークのセントラルパークにあるのは有名な話です。

　氷期–間氷期サイクルは全球的な気候にある種の振動をもたらしましたが、氷期には大量の水が大陸氷床として固定されますので、海水準も変わります。氷床の質量計算から、LGM の頃（および他の氷期の最盛期）には、全球平均で 100 m も海面が低下したことがわかっています。

氷期−間氷期サイクルのメカニズム（1）──温室効果ガスの変動

　氷期−間氷期サイクルのメカニズムは、古気候学における最大の謎の一つです。未だに完全に解明されたとは言えないのですが、主な要因として長く議論されているものが二つあります。そのうちの一つが、大気中の温室効果ガス（特に、二酸化炭素とメタン）の変動です（**図 3.6**）。南極のアイスコアから復元された過去 40 万年間の二酸化炭素濃度変動には、明らかな氷期−間氷期サイクルが見てとれますし、それが気温の変動と同期しています。すなわち、氷期には二酸化炭素による温室効果が弱く、間氷期には逆に温室効果が強く働いていたはずです。氷期と間氷期の間の二酸化炭素濃度の差は約 100 ppm あり、これは産業革命前から現在までの変化とほぼ同等です。

　話が脇道にそれますが、**図 3.6** には最近の 1 万年、さらに 1000 年間の変化を拡大したものをあわせて載せてあります（**図 3.6b, c**）。後氷期の二酸化炭素濃度は非常に安定していて、260〜280 ppm の間にあったのですが、最近の 200 年で急激に上昇していることがわかります。氷期−間氷期サイクルに伴って変化する大気中の二酸化炭素濃度は、氷期の終わり頃に最大になりますが（**図 3.6a**）、現在はさらにそこから 100 ppm 以上も濃度が上昇していることになり（しかも 10 万年ではなく 200 年で！）、過去のサイクルから外れた変化を示しているわけです。

　温室効果ガスの変動が氷期−間氷期サイクルを増幅するように働いていたであろうことは、かなり確実に言えます。しかし、それ自体が 10 万年のサイクルを生み出していたとは考えられず、氷期に二酸化炭素濃度が下がる理由ははっきりわかっていません。火山噴火は二酸化炭素濃度の変動をもたらしますが、火山活動には決まった周期性がありません。大気中の二酸化炭素濃度は気温自体にも依存して変わるので、氷期の気温低下がおそらくは海洋から大気への二酸化炭素供給を抑えていたのでしょう。だとすると、気温と二酸化炭素濃度は相互作用しながら変動するシステムの「変数」ということになります。

　2.4 節では、気候を平衡状態と見て、エネルギーのつりあいから放射強制に対する気温の応答を求めました。しかし、変動するシステムでは、気温や二酸化炭素濃度の時間に関する微分方程式を解かねばなりません。そ

図 3.6 さまざまな時間スケールにおける大気中二酸化炭素濃度の変化

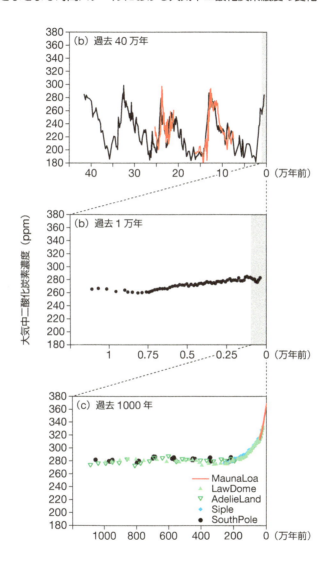

(a) 過去 40 万年の氷期–間氷期サイクルに伴う変化、(b) 後氷期の 1 万年間の変化、(c) 現在までの過去 1000 年間の変化。(a) は南極ボストーク基地のアイスコアから、(b) は南極テイラードームのアイスコアからの推定。(c) はアイスコアなどの代替指標と、マウナロアでの直接観測（赤線）を組み合わせている。IPCC (2001) より。

の際、両者の相互作用が周期を作り出すならば、サインとコサインのように時間的にずれが生じることになりますが、実際には気温と二酸化炭素濃度はほぼ同期して変動しています。このことは、温室効果ガスの変動だけでは10万年周期を作り出せないことを意味します。氷期−間氷期サイクルの謎を解くには、氷期の緩やかな寒冷化と間氷期への急激な温暖化という非対称性に注目する必要があります。

氷期−間氷期サイクルのメカニズム（2）——ミランコビッチ・サイクル

氷期−間氷期サイクルを説明するもう一つの要因は、天文学的な地球の軌道要素の変動です。この要因がもたらす効果を初めて検討したのは、セルビアの科学者ミルティン・ミランコビッチで、優に半世紀以上前の1941年のことでした。彼は、天文学理論をもとに精密な計算を行い、地球の軌

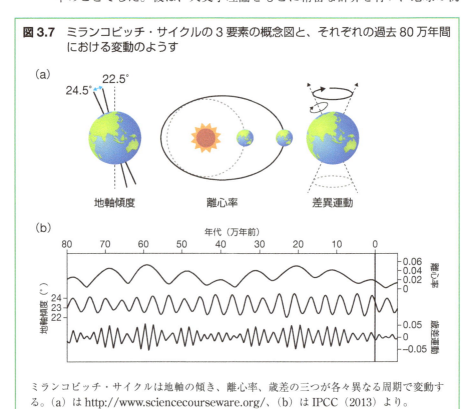

図 3.7 ミランコビッチ・サイクルの 3 要素の概念図と、それぞれの過去 80 万年間における変動のようす

ミランコビッチ・サイクルは地軸の傾き、離心率、歳差の三つが各々異なる周期で変動する。(a) は http://www.sciencecourseware.org/、(b) は IPCC（2013）より。

道要素が太陽放射量を変化させ、ひいては氷河時代の気候変動を説明するという考えを提唱しました。後世の研究者によって確かめられ、現在**ミランコビッチ・サイクル**（Milankovitch cycle）と呼ばれているのは、以下の三つの軌道要素の変動です（**図 3.7** も参照）。

離心率（Eccentricity）

地球の軌道は楕円ですが、その円軌道からの「ゆがみ具合」を表す指標として離心率が使われます。現在の離心率も 0.017 とかなり小さいのですが、約 2 万年後にはゼロ、すなわち完全な円軌道になると予想されています。すなわち地球の公転軌道は伸び縮みしているわけで、その周期が約 10 万年です。離心率の変動は、軌道平均半径を変えることで太陽放射の年間の総量に影響します。

地軸傾度（Obliquity）

地球の地軸は、公転面に対して 23.4 度傾いています。そのため、太陽天頂角（太陽の高さを天頂から測った角度で表したもの）が 1 年の間に変化し、中高緯度に四季が訪れます。しかし、この地軸の傾きも一定ではなく、21.5〜24.5 度の間を約 4.1 万年の周期でグラグラと行ったり来たりします。簡単に言えば、地軸傾度が大きいほど夏と冬の差が大きくなります。

歳差運動（Precession）

自転軸の傾きに加えて、地球は「コマの首振り運動」のように軸を回転させています。これが歳差運動です。歳差運動は約 1.8 万と 2.3 万年という複合的な周期をもちます。

地軸傾度と歳差は、年間の太陽放射量を変えるのではなく、夏の日射量を調節することで氷床の拡大に影響します。例えば、北緯 65 度で太陽放射量は 400 から 500 W/m^2 の間で変化しますが、この変化は平均日射量の約 25% にもなります。夏が寒くなることで、前の冬に積もった雪が溶けにくくなり、結果氷床は低緯度に拡大してゆきます。

このように、ミランコビッチ・サイクルは「太陽からの入射エネルギーの変動が氷期−間氷期サイクルをもたらす」という理解しやすいものです

が、一つ問題があります。それは、いま注目している氷期−間氷期サイクルと同じ10万年の周期をもつ離心率の変動には夏の日射を変える力がなく、その影響は最も小さいということです。

ミランコビッチ・サイクルが氷河時代の気候変動にとって非常に重要であることは広く認められていますが、10万年周期の謎が解けたわけではありません。しかし、最近になって、私の同僚でもある東大の阿部彩子教授の研究チームが、ミランコビッチ・サイクルと氷床自身の非線形な性質をともに考えることで、10万年の周期を説明できることを数値シミュレーションで示し、科学誌 Nature に発表しました（Abe et al. 2013）。すなわち、歳差の周期で拡大を続ける氷床は成長しすぎると不安定に（溶け易く）なり、離心率の増加でわずかに日射が増えるだけで崩壊して氷期の終了をもたらすというものです。このシナリオは、氷期と間氷期の非対称な変化もうまく説明しています。科学上の大問題は、一本の論文で簡単に決着するものではありませんが、この研究成果が、氷期−間氷期サイクル問題の解決に向かうターニング・ポイントになるかもしれません。

3.5 不安定な氷期の気候

10万年スケールの気候復元には、大陸氷床を掘削してできるだけ長いアイスコアのサンプルをとることが重要です（長いものだと3km以上にもなります）。そうした掘削ができる氷床は、南極大陸以外にはグリーンランドしかありません。そこで今度は、グリーンランドの氷床から得られた代替指標のデータを、最終氷期以降について見てみましょう（図3.8）。

氷期の激しい気候変動——ダンスガード−オシュガー・イベント

氷期の寒冷化と後氷期の温暖化という大きな特徴は変わりませんが、南極のコアデータ（図3.5）と比べると、一つ違いがあることに気づきます。それは、氷期の間に振幅の大きな細かい変動がたくさん起こっていることです。このスパイクのように繰り返される気温変動は、発見者である二人の古気候学者、デンマークのウィリ・ダンスガードとスイスのハンス・オシュガーの名前を冠して**ダンスガード−オシュガー・イベント**（Dansgaard-

図 3.8 グリーンランドのアイスコアから得られた過去 10 万年の酸素同位体比の変化

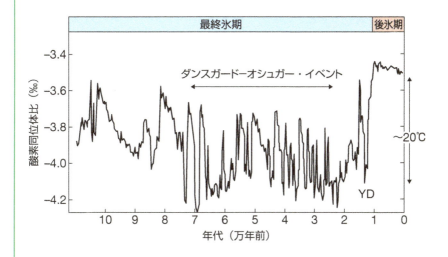

最終氷期の間には、繰り返し大きな振幅の変動（D-O 振動）が起こっていたことがわかる。氷期終了直前の一時的な温度低下（YD と記してある）がヤンガードリアス（後述）に相当する。YD から後氷期の間には約 20℃の温度上昇があり、D-O 振動はその半分以上の振幅で変動していた。ブロッカー（2013）より。

Oeschger events）、もしくは **D-O 振動**と呼ばれています。

　このデータが報告された当初（1960 年代後半）は、「一本のアイスコアのデータだけでは測定誤差によるノイズかもしれないし、本当に起こった気候変動かどうかわからない」という疑いの目もありました。しかし、その後グリーンランドの複数のコアに同様のシグナルが見つかり、さらに遠隔地でも関連する変動の痕跡が見えてくるに及び、D-O 振動が実際に広域な気候変動として存在したことが認められるようになりました。氷期は、安定した気候の後氷期と違って変動の激しい時代だったのです。

D-O 振動と大洋のコンベヤーベルト

　D-O 振動は、ミランコビッチ・サイクルで説明するには時間スケールが短すぎます。また、南極のアイスコアには見られず、グリーンランドのアイスコアに明瞭に見られるのは何故でしょうか。実は、ある理由によって、グリーンランド周辺は長期の気候変動にとって「へそ」にあたる地域になっ

ているのです。その理由とは、1980年代に米国の海洋物理学者ウォーレス・ブロッカーが提唱した**大洋のコンベヤーベルト**（great ocean conveyor belt）の起点であることです（**図3.9**）。

　海洋の大循環には、海面の風に引きずられてできる風成循環と、重い（密度の高い）水が沈み込むことでできる**熱塩循環**（**thermohaline circulation**）の2種類があります。ブロッカーのコンベヤーベルトは後者に当たります。大西洋の表層を北に運ばれてくる海水が極域で冷えて重くなり、それが今度は大西洋の低層を南へ、さらにインド洋から太平洋まで深層を流れて表面に戻ってくる、といった全球的な3次元の流れがブロッカーのコンベヤーベルトです。

　風成循環は大気との相互作用により生じるので比較的短い時間スケール（せいぜい数十年、4.3節も参照）の現象ですが、熱塩循環は海洋のゆっくりした鉛直混合によって時間スケールが決まるため、一巡りするのに1000

図3.9　ブロッカーの「大洋コンベヤーベルト」

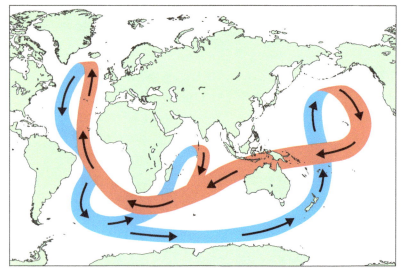

赤い帯は表層の流れを、青い帯は深層の流れを表す。全球を巡る熱塩循環は、グリーンランド周辺で沈み込み（図にはないが南大洋のウェッデル海でも沈み込みがある）、1000年以上かけて太平洋、インド洋で湧き上がって海洋を一周する。海洋研究開発機構ホームページより。

年以上の時間がかかります。さらに重要なのは、このコンベヤーベルトはときどき「止まってしまう」ことが理論的に示されていた点です。コンベヤーベルトは膨大な熱を北大西洋に運んでいるため、もしそれがストップすると、北半球全体に寒冷化をもたらし得ます。

もともと、大洋のコンベヤーベルトの重要性がクローズアップされたのは、D-O 振動ではなく**ヤンガードリアス・イベント**（**Younger Dryas, YD**）と呼ばれる 1 回限りの出来事との関連でした。ヤンガードリアス・イベントとは、後氷期に向かって温暖化していた約 1.2 万年前に、一時的に起こった急激な寒冷化を指しますが（**図 3.8** でもわかります）、日本人にとっては晩春に一時的に寒さがぶり返す「寒の戻り」に例えるとイメージしやすいでしょう（もちろん時間スケールは全く違いますが）。

ヤンガードリアスの原因は、ローレンタイド氷床の後退に伴って融け出した大量の淡水が、ラブラドル海（グリーンランド西側の海域）に流入したことだと言われています。もともとコンベヤーベルトの沈み込みに必要な高密度の海水は、低緯度から運ばれてくるにつれて熱を大気に放出して冷えることで形成されますが（**図 3.10a**）、真水が塩分を薄めると海水の密度が下がり、沈み込みが起こらなくなります。

理論的には、コンベヤーベルトが止まってしまった状態も、気候システムにおいて安定な平衡解であることが知られています。しかも、ある塩分の範囲では、多重平衡のどちらの状態になるかはそれまでの状態の履歴によって決まる、**ヒステリシス**（**hysteresis**）という性質が存在するというのです（**図 3.10b**）。従って、氷床融解による淡水流入が止まっても、しばらくの間はコンベヤーベルトが再開せず、寒冷な気候のままでいるということになります。これは、1000 年の時間スケールで生じたヤンガードリアス・イベントに符合します。

図 3.10 は簡単な理論にもとづく概念図です。プリンストン大学の真鍋淑郎（しゅくろう）博士は、1980 年代に初期の気候モデルを用いて、実際に熱塩循環には活発／不活発な二つの平衡状態があり、グリーンランド周辺への溶け水流入が活発な現在の循環から、不活発な状態への遷移を引き起こすことを示しました（Manabe and Stouffer 1988）。真鍋博士は我々日本人の気候科学者にとって大先輩であり、気候モデル開発のパイオニアでもあります。私も大学院生の頃、箱根のホテルで開かれたワークショップで初めてお会

図 3.10 （a）大西洋熱塩循環の 2 ボックスモデルと、（b）熱塩循環の多重平衡とヒステリシスを表す模式図

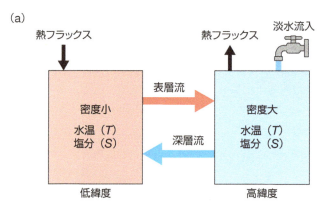

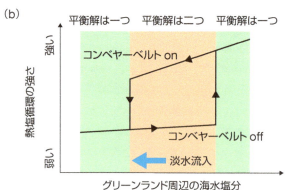

(a) 海水の密度は温度に反比例、塩分に比例して大きくなるが、現在の循環は温度によって駆動されている。低緯度の暖かく軽い海水が表層流で高緯度に運ばれて熱を失い、冷えて沈み込むことで深層流を形成する。このとき、高緯度に大陸から氷河の溶け水が流入すると、塩分が下がって表層水の密度が小さくなり、循環が停滞する。（b）高塩分で循環が強い状態から初めて、淡水流入を続けてゆくと、ある時点で循環がストップした別の平衡状態へ遷移する。その後、淡水流入を止めて塩分が元に戻ってゆくが、十分高塩分になるまで循環は再開しない。(a) は Stommel（1961）、(b) は Stocker and Marchal（2000）をもとに作図。

いしましたが、温泉につかりながら熱心に熱塩循環の安定性について語ってくださったのを覚えています。

　D-O 振動も、同じようにコンベヤーベルトのスイッチが切り替わること

で起こったと考えられています。ただし、ヤンガードリアスとは逆に、ベースが氷期の寒冷な状態のとき（すなわちコンベヤーベルトが停止しているとき）に起こった現象です。したがって、D-O 振動は、何らかの理由でコンベヤーベルトが一時的に復活して 1000 年規模の温暖化が起こったイベントの繰り返しだと理解できます。一方、海底堆積物には間欠的に大陸起源の岩石の破片が多く含まれている**ハインリッヒ・イベント**（Heinrich event）という履歴が残っています。これは氷床の「地滑り」によるものと解釈されていますが、D-O 振動と同期していることがわかっています。D-O 振動とハインリッヒ・イベントの因果関係、さらに D-O 振動とコンベヤーベルトの間のプロセスなど、現在も研究が進められています。

3.6 安定な完新世の気候（1万年前〜）

　ヤンガードリアス・イベントが終わって後氷期になると、気候がそれまでと比べて温暖化するとともに安定化してゆきます（図 3.8）。それに伴って、大陸氷床が融解することで大量の水が海洋に流入した結果、海面は上昇を続け、海水準は現在より 3〜5 m 高くなったと推定されています。日本史で学ぶ縄文海進もその一部です。

　ミランコビッチ・サイクルをよく見ると、完新世では地軸傾度が大きい方向に変化しています（図 3.7）。おそらくはこの変化による北半球の夏の日射増で、7000〜5000 年前には**気候最適期**あるいは**ヒプシサーマル**（hypsithermal）と呼ばれる温暖な時代を迎えます。ヒプシサーマルは主に北半球で起こりましたが、その頃の気温は 20 世紀中盤と比べて 0.5〜2℃ 高かったと考えられます。気候が温暖化すると大気中の水蒸気の輸送も活発になるため、現在は乾燥地帯である亜熱帯の大陸が、当時は湿潤で豊かな植生を育んでいたことがわかっています（図 3.11）。特に、アラビア語で「砂漠」を意味する広大なサハラは、気候最適期には語源に反して砂漠でなかったため、**緑のサハラ**（green Sahara）と呼ばれます。サハラ各地に点在する当時の壁画に酪農の様子が描かれていたことは、緑のサハラが存在した有力な証拠です（図 3.11）。

　さらに時代がくだって紀元後になると、第 1 章のコラムで紹介したホッ

図 3.11 ヒプシサーマルに起こったサハラの湿潤化

(a) 現在とヒプシサーマルの湿潤度の違い

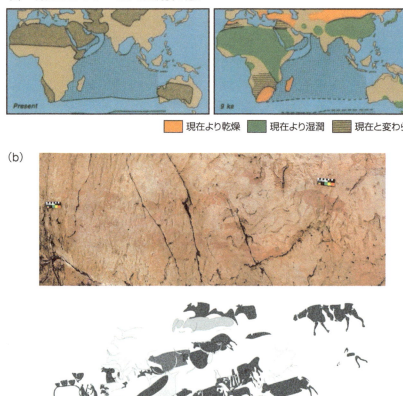

■ 現在より乾燥　■ 現在より湿潤　■ 現在と変わらず

(b)

(a) アフリカからアジアにかけての現在と気候最適期（9000年前）における土壌の湿潤度を比較したもの。過去の湿潤度は、花粉や海底堆積物などから得られた代替指標にもとづく。(b) リビア南西部で発見された約5000年前の岩絵をトレースしてわかる人々と牛の群れのようす。完新世の「緑のサハラ」に暮らしていた古代人が酪農を行っていたことを示している。(a) は COHMAP (1998) より、(b) は Dunne et al. (2012) より。

ケースティック曲線で表される急激な気候変動が起こります。ただし、今度はマンらのデータだけではなく、現在までに推定されたすべての古気候

図 3.12 過去 1200 年間の全球平均気温の復元と再現

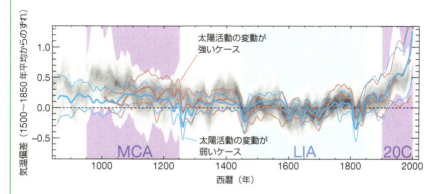

灰色の陰影はさまざまな代替指標から推定される気温の幅、最も濃い部分が最尤値を示す。赤線と青線はそれぞれ、太陽活動の変動が強い想定と弱い想定のもとで地球システムモデルを用いて計算された値。MCA は中世温暖期、LIA は小氷期、20C は 20 世紀を表している。IPCC（2013）より。

記録から復元される気温を重ねて示します（**図 3.12**）。このように、複数のデータソースを使うことで、過去 1000 年の気温変動の不確実性は減らすことができます。この図を見ると、大きく分けて三つの時期があったことがわかります。そのうちの一つは 20 世紀以降の温暖化で、次章で詳しく取り上げます。残りの二つについて、以下で簡単に紹介しておきましょう。

ちなみに、以下で紹介するどの気温変動も、氷期–間氷期サイクルや氷期の D-O 振動などと比べればごく小さなものです。それでも人々の生活や文化には大きな影響があったことが明らかになっており、これは重要な点です。

中世温暖期と小氷期

一つ目は**中世温暖期**（medieval warm period, MWP）です。およそ西暦 950 年から 1250 年頃までは、ヨーロッパが温暖だったと言われています。ちょうどヨーロッパの中世に相当する時期です。温暖であったことを裏付けるように、当時のイングランド南部では大規模なブドウ栽培がおこなわれていた形跡があります。また、ヴァイキングは当時氷床のなかったグリーンランド（だからこそ今でも「緑の島」と呼ぶのですが）に植民

地を作っていたようです。ただし、全球気温の復元図（図 3.12）からは、MWP がそれほど温暖であった時期には見えず、地域的な変動だったという研究者もいます。

もう一つは**小氷期**（little ice age, LIA）です。MWP に続く西暦 1450 年から 1850 頃は、逆にヨーロッパを中心に気候が寒冷化していたという証拠が得られています。この時期を小氷期と呼びます（あくまで過去 1000 年は間氷期にあるので若干混乱しそうですが）。ヨーロッパの人口が 1/3 に激減する原因となったペストの流行も、この時期に起こっています。当時の絵画や切手には、寒冷な気候の中で生活する人々の様子が描かれています（図 3.13）。MWP と同様、近年では小氷期も必ずしも全球に広がる寒冷化ではなかったという指摘が増えており、全球平均では MWP に比べて 0.2℃ 程度の気温低下だったと推定されます（図 3.12）。

中世温暖期や小氷期をもたらした気候変動の原因は何でしょうか。気候システムには、100 年スケールの変動を生じる内部要因もありますが、最

図 3.13 ルネサンス田園風景画の代表作と言われるピーター・ブリューゲル作『雪中の狩人』（1565 年、ウィーン美術史美術館蔵）

狩人の背景として、凍りついた池で村人がスケートを楽しむ風景が描かれている。美術的な価値もさることながら、この絵は小氷期の気候を表すものとしてよく取り上げられる。

も疑われている「犯人」は、太陽活動の変化です。これはミランコビッチ・サイクルとは違い、太陽自身の放射エネルギーの変動で、古くから太陽黒点数を数えることで推定されています。黒点数が多いと、太陽表面でフレア爆発が頻繁に起こり、太陽活動が活発になっていることを示しているためです。

　小氷期にあたる西暦1645年から1715年にかけては、太陽黒点数が激減しており、現在であれば30年に5万個近く観測される黒点が50個ほどしかなかったと記録されています。太陽黒点活動が低下したこの期間は、太陽天文学者のエドワード・マウンダーの名前に因み、**マウンダー極小期**（**Maunder minimum**）と名づけられました。

　ただし、最近の人工衛星の観測からは、黒点数の変動による実際の太陽放射量の変動は0.1％程度であることがわかっており、その関係を当てはめるとマウンダー極小期だけで小氷期を説明することが難しくなっています。氷期-間氷期の例でわかる通り、ただ一つの要因では気候の変動はなかなか説明がつかないものです。

　ちなみに、**図3.12**には太陽活動の変動が大きいと考えた場合と小さいと考えた場合のそれぞれについて、地球システムモデル（第4章コラムを参照）を用いた復元シミュレーションの結果も示しました。太陽活動の変動が大きいシナリオの方がわずかに気温変動の幅が大きくなっています。

　過去1000年の気候変化から学べるもう一つのことは、火山噴火の気候へのインパクトです。例えば**図3.12**には、1800年代はじめに大きな気温低下がみられますが、これは1815年にインドネシアで起こった**タンボラ火山**（**Tambora**）の大噴火によるものです。このときの噴火の規模は、ローマのポンペイを滅ぼしたベスビオ噴火の20倍と言われ、全球気温は約1.7℃も低下したと考えられています。20世紀最大の噴火と言われる1991年のピナツボ火山の噴火でも、気温低下は0.5℃程度でしたから、その3倍以上のインパクトがあったわけです。

3.7　過去から未来へ：古気候研究からのメッセージ

　地球はただ一つの「実験室」ですから、過去100年のデータでわからな

い気候変化のメカニズムを知るには、「仮想実験室」であるコンピュータ上の気候シミュレーションに頼るか（次章参照）、さらに古い時代のデータを復元することで手がかりを得るしかありません。したがって、現在起こりつつある気候変化を理解するために、地球史上の気候の変遷を調べる古気候学は今まで以上に重要性を増しています。

　古気候研究から見えてきた、急激な気候変化をもたらす海洋循環の変動、小氷期やヒプシサーマルなどの気候がどのように成立していたか、などの知識は、将来進むであろう地球温暖化時の気候変化に伴うリスクを推定する役に立ちます。ただし、過去の気候変化の知識を中途半端に使うと、地球温暖化の問題を間違った角度から見てしまうこともあり得るので注意が必要です。

　例えば、「氷期−間氷期に起こった気温の変化に比べれば、最近100年の1℃程度の気温の変化はごく小さい」というのは正しいですが、「だから温暖化はさしたる問題ではない」というと誤りになります。地球温暖化問題は、ヒトと気候の問題ですから、気候変化のインパクトはあくまで人間社会にとって深刻かどうか、という角度でとらえるべきで、ヒトのいなかった時代の変化と比較するだけでは意味がありません。3.6節で述べたように、人類の文明社会は安定した気候のもとで発展してきました。これを、気候が安定していたから文明がここまで発展できたとみるかどうかは意見が分かれるところですが、仮に大きな気候の変化が起こった場合に文明社会が適応できるか、あるいは脆弱な部分から崩壊してゆくかは、本当には試されていないのです。

　もう一つのありがちな勘違いは、時間スケールに関するものです。「過去の氷期−間氷期サイクルを考えれば、気候はやがて寒冷化して次の氷期に入る」というのはおそらくその通りです。しかし、「だから今心配すべきは温暖化ではなくいつ寒冷化するかだ」というのは間違いです。**図 3.5** のような10万年スケールの気温変化のグラフに慣れてしまうと、つい1000年程度なら短い時間と見てしまいがちですが、人の世代は約30年で交代してゆきますから、本来の人間の感覚では100年でも十分に長い時間なのです（**図 3.14**）。したがって、1000年以上先に起こるかもしれない寒冷化を心配するよりも、およそ100年のスケールで起こる地球温暖化による気候の変化を（もしその影響が深刻ならば）問題にすべきなのです。

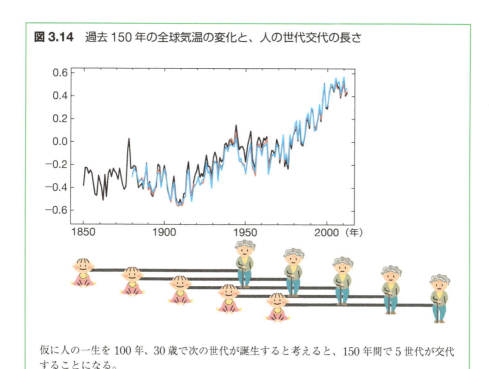

図3.14 過去150年の全球気温の変化と、人の世代交代の長さ

仮に人の一生を100年、30歳で次の世代が誕生すると考えると、150年間で5世代が交代することになる。

　ミランコビッチ・サイクルにせよマウンダー極小期にせよ、太陽放射量の変動を表しています。したがって、現在起こりつつある気候の変化も同じように太陽活動の変動による、と考えたがる人がいるのは不思議ではありません。一方で、生物相と相互作用することで大気組成や気候が変化し得ることも地球史研究から明らかで、ここ100年の大気中二酸化炭素濃度は明らかに氷期–間氷期のサイクルから外れています（**図3.6**）。これが地上の生物種として「新参者」であるヒトの活動の結果であることに疑いはなく、多くの気候科学者はヒトという生物が全球的な気候を変えつつあることを認めています（コラム参照）。

　次章では、20世紀の観測データと気候モデルのシミュレーションから、100年の時間スケールで起こった気候の変化をより詳しく見ることにしましょう。

column 人の時代

　本章で各所に出てくる地質年代とは、簡単に言えば、化石中の生物相が変わるところで時代を区切ったものです。生物化石自体は何年前のものかがわかりませんから、岩石や化石中の放射性微量物質を用いて年代測定を行い、おおよその時期を推定します。現在では、国際層序学会が決定する地質年代表（International Stratigraphic Chart）が世界で共通して使われています。

　地質年代区分には大きなものから累代・代・紀・世の4つがあり、現在の時代は正確には顕生代・新生代・第四紀・完新世となります。地球史の中では、例えば石炭紀の酸素濃度上昇のように、生物相の変化によって環境が変わることも知られているので、地質年代は相互作用する気候と生物進化の関係の区切りを表すと考えるのが適切でしょう。3.4節でみたように、第四紀は氷期−間氷期の急激な気候変化が特徴ですが、それに対して哺乳類が適応しつつ大型化してきた時代でもあります。

　では、人間によって過去65万年で起こったことのないレベルまで大気中二酸化炭素濃度が（しかも急速に）増えつつある現代は、生物（すなわちヒト）と気候の関係という意味でどう捉えればよいのでしょうか。

　ノーベル化学賞を受賞したドイツの大気化学者であるポール・クルッツェン博士（**図3.15**）は、2000年に「**人新世**」（**Anthropocene**）という新しい年代の名称を提唱しています。これは、地質年代を見直すべきだという意味で提唱したわけではありません。我々人類の活動が生態系や気候に影響を与えているという危機感に基づいて、人々に自分たちが気候にどんな影響を及ぼしているか自覚してもらうことを目的としたものです。クルッツェン博士は言います。「人新世という言葉が、世界への警告となればいい。私はそう願っています」。

　現時点で、国際層序学会は「人新世」を地質年代として正式に採用するかどうかを検討中です。採用するためには、人新世がいつ始まったのか、層序学的な古環境記録の中に、時代の移り代わりを示す「しるし」を見つけないといけません。最近では、過去の二酸化炭素濃度の記録から、1610年と1964年のどちらかが人新世の始まりとして適切であるという見解が議論されています。1964年は現在に続く工業化の波が始まった頃と考えれ

図 3.15 人新世を提唱したポール・クルッツェン教授と、人新世のイメージ

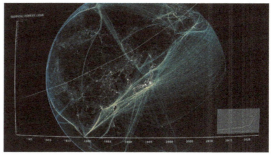

クルッツェン教授の肖像は 2010 年 5 月にヘルシンキ大学で撮影されたもの。人新世のイメージ画像は、宇宙から見た夜の地球のようすに、飛行機の航路、世界人口の推移、熱帯雨林の消失面積などを重ねている。人が地球の姿を既に変えていることを示すわかりやすい例である。地球圏–生物圏国際協同研究計画（IGBP）のウェブサイト（http://www.igbp.net/multimedia/multimedia/）から動画を見ることも可能。

ばよいですが、1610 年は産業革命開始よりだいぶ前です（ワットの蒸気機関発明は 1776 年）。この時期に二酸化炭素濃度の一時的な極小があったことが、候補として提案されている理由なのですが、これが人間社会のどのような活動とリンクするのかは、気候科学者と歴史・社会学者が共同で作業しないとわからないかもしれません。

第4章 20世紀に観測された気候変化とその原因

4.1 温暖化研究の黎明期

　「地球が温暖化しているのではないか」「温暖化の原因は人間活動による二酸化炭素の排出ではないか」という温暖化の最も基本的な議論が世界的にはじまったのは、1.2節で触れたIPCCが設立された1988年を契機としています（IPCCの役割と機能については8.1節で詳しく説明しています）。その時点で20世紀も終盤だったのですが、後に見るように、実際にそれ以降の気候は大きく変わってきました。今からすれば、IPCCの設立は時宜を得ていたわけです。しかし、先見の明ある科学者というのはいるもので、それよりずっと以前に、現在の温暖化の科学の基礎となる観測および理論研究が行われていました。本章では、そうした温暖化研究の黎明期の話から始めましょう。

大気中の二酸化炭素濃度は増加している

　温暖化問題の根底にある疑問の一つは、「大気中の二酸化炭素は増えているのか？」ということです。今ではほとんどの人が答えを知っていますが、この疑問に半世紀前から取り組んでいた科学者がいました。米国スクリプス海洋研究所のチャールズ・キーリングです。

　キーリングの観測の出発点は、ロスアンゼルスの大気汚染を測定することだったそうですが、1958年からはよりグローバルな二酸化炭素濃度の変化を検出するために、都市の影響を受けにくいハワイ島マウナロア山頂（標高4169 m）の観測点で二酸化炭素濃度の観測を開始しました。この観測プロジェクトは後に息子のラルフ・キーリングに引き継がれ、現在に至

図 4.1 ハワイ島マウナロアで観測されている大気中二酸化炭素濃度の時系列（キーリング曲線）

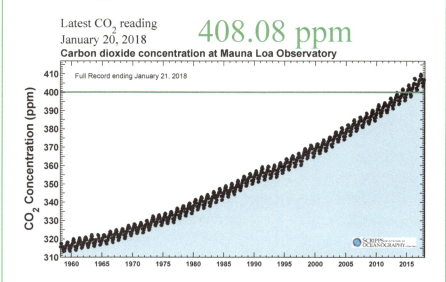

スクリプス海洋研究所のウェブサイト（keelingcurve.ucsd.edu）では、毎日の観測とともにデータを公開している。この図を取得した日（2018 年 1 月 20 日）の濃度（408.08 ppm、ppm は百万分率で 1 ppm = 0.0001％）が図上に示されている。キーリング曲線には、長期の増加傾向のほかに 1 年のサイクル（初夏に高く、晩秋に低い）が現れている。これは、北半球で草木が茂る時期に光合成で二酸化炭素が吸収され、秋には草木が枯れて光合成が減る、という季節性がやや遅れて観測されたものである。

るまで続けられています。

　キーリングらによる観測結果を**図 4.1** に示します。二酸化炭素は大気中で混ざりやすい物質なので、このグラフ——今では**キーリング曲線（Keeling curve）**と呼ばれています——が、大気中の二酸化炭素が増えていることの明白な証拠です。ちなみに、産業革命前の 1850 年頃の二酸化炭素濃度は 285 ppm 程度だったと考えられますが、キーリングが測定を始めた時点で既に 310 ppm を超えていました。そして 2013 年には、ついに 400 ppm を突破したというニュースが世界中で流れました。

　大気中の二酸化炭素が増えているなら、地球は温暖化しているはず、というのはその通りです。ただし、2.2 節で考えたようなエネルギー平衡は少し大雑把すぎます。実際には、気温や水蒸気量の鉛直分布を考え、二酸

化炭素がどの高さで惑星放射を吸収・射出するかをきちんと計算しないと、最終的に地表の温度がどれだけ上がるかがわかりません。放射過程というのは比較的厳密に理論計算が可能なので、大気中の主要な温室効果ガスの濃度を計算に用いれば定量的に議論できます。そのような計算を 1960 年代に行ったのが、第 3 章でも登場した真鍋淑郎博士です。

真鍋博士の計算——放射対流平衡

パソコンすらなかった当時は、3 次元の流れを計算することはまだできませんでした。そこで、真鍋博士は大気を鉛直 1 次元の柱だと考えて、多数の層に切り、各層での太陽放射・惑星放射の吸収・射出を計算することで、与えた温室効果ガスに対する気温の分布を求めました（図 4.2a）。ただし、対流圏で重要な積雲対流活動による水蒸気の上方輸送は、大気の運動を考えないと計算できないため、対流の効果をごく簡単な形で取り込んでいます。このような計算で得られる大気を 1 次元の**放射対流平衡**（radiative-convective equilibrium）と呼びます。放射対流平衡の計算では、二酸化炭素、水蒸気、オゾンという三つの気体成分だけを考慮することで、観測に近い気温分布を得ることができます（Manabe and Strickler 1964）。1960 年代には、温暖化が議論されることはほとんどありませんでしたが、真鍋博士は、理学的な問題として、大気中の二酸化炭素濃度が変わったときに地表気温がどう変化するかを議論しました。その議論は、現在でも概ね正しいと言えます。

基本的な放射対流平衡には、2.3 節の気候フィードバックのうち、プランクフィードバックのみが含まれます。このとき、二酸化炭素濃度を倍にすると、地表気温が 1℃ ちょっと上昇するとともに対流圏全体が暖まり、成層圏は逆に冷えます（図 4.2b）。対流圏が暖まるのは、温室効果で温まった地表のせいで対流がより多くの熱を上空に運んだ結果です。温暖化なのに成層圏が冷えるのは不思議かもしれませんが、このしくみは容易に理解できます。成層圏では対流が発達しないので、放射エネルギーはオゾンによる日射の吸収（加熱）と二酸化炭素・水蒸気による惑星放射の射出（冷却）の間でつり合っています。したがって、二酸化炭素が増えれば、出てゆく惑星放射が増える分だけ成層圏は寒冷化するのです。それとともに、対流圏の上端である**対流圏界面**（tropopause）は鉛直上方へずれます（図

図 4.2 1次元の放射対流平衡を用いた温暖化時の気温変化の考え方

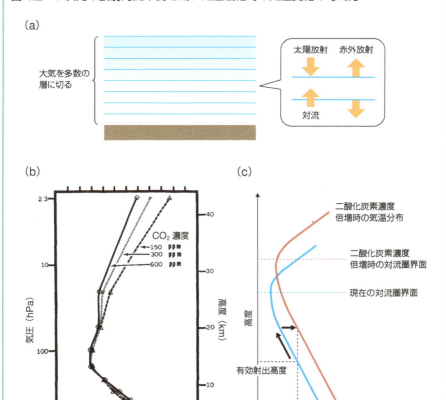

(a) 放射対流平衡計算のやり方。(b) 1次元放射対流平衡から計算された気温の鉛直分布。3通りの二酸化炭素濃度に対する結果を重ねてある。(c) 二酸化炭素濃度を増加させたときに起こる気温変化の模式図。簡単のために対流圏の温度勾配が変わらないと仮定すると、二酸化炭素の増加によって大気が惑星放射に対して不透明になり、有効射出高度(宇宙から光学的に地球を見たときの代表的な大気の厚さ)が上昇する(黒点線)。太陽放射は一定なので、太陽放射とつり合うだけの惑星放射が上昇した射出高度から出るためには、対流圏全体の温度が上昇しなければならない(矢印)。一方、成層圏は二酸化炭素が射出するエネルギーが増える分だけ冷えるので、結果として対流圏界面(赤と青の破線)は上昇する。(b) は Manabe and Wetherald (1967) より。

4.2c)。温暖化で起こるこうした結果は、のちに観測データでも確認されています（図4.8）。

4.2 温室効果ガスと放射強制の変化

第3章で見たように、氷期−間氷期サイクルに伴って大気中の二酸化炭素濃度は変化しており、後氷期の現在は高い濃度の時代にあります。しかし、**図4.1**のような過去1世紀の濃度上昇は、その基準からしてもそれまでに見られないレベルです（**図3.6**）。この濃度上昇をもたらしているのは、人間活動が排出する二酸化炭素です（**図4.3**）。これには、石油・石炭などの化石燃料の燃焼による直接的な排出と、森林伐採のような土地利用の変化によって大気中に炭素が出てゆく間接的な排出の2種類があります。過去50年程度では、直接排出が8割以上を占めています。

自然のシステムでは、炭素は大気・海洋・陸面の間で循環しており、大気中の二酸化炭素が増えれば陸上生物が吸収したり海洋に溶ける量が増えたりして、平衡を保とうとします。しかし、それらを上回るペースで人間社会が排出する二酸化炭素が増加しているために、大気中の二酸化炭素濃度が上がり続けています。2000年代の炭素のバランス推計によると、人為

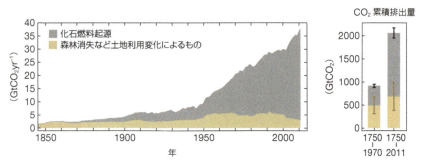

図4.3 人間活動によって排出された二酸化炭素の量（全球平均値）

（左）19世紀中盤以降の人為起源の二酸化炭素排出量の変化と、（右）1750〜1970年および1750〜2011年の累積排出量。化石燃料由来のものと、森林伐採などの土地利用変化によるものを分けて示してある。IPCC（2014）より。

起源の二酸化炭素排出量の約54％が海洋や陸上生物によって吸収されている一方で、残りの約45％は大気中に留まっています。

大気中の温室効果ガスの濃度が変わると、気候システム全体に出入りする正味の放射エネルギーが変わります。これは2.4節で説明した放射強制力です。第3章で見たような地球史における非常に長期の変化も含めて、気候の変化を直接もたらしている要因は、気候科学的にはすべて放射強制力で表されます。

2013年に公開されたIPCCの**第5次評価報告書（Fifth Assessment Report, AR5）**には、1750年を起点とした過去200年以上にわたる放射強制力の変遷の推定が示されています（**図4.4**）。正の放射強制力は気候システムに余分なエネルギーを入力していることに相当し、これによる過渡的気候応答として地表が暖まるとともに、エネルギーの一部は海洋に吸収されてゆきます（**図2.12**）。放射強制力を作っているのは、何も人為起源

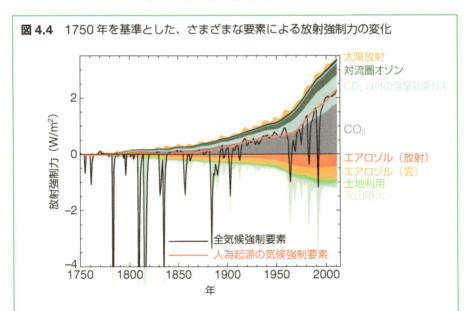

図4.4 1750年を基準とした、さまざまな要素による放射強制力の変化

正の値は加熱、負の値は冷却を表す。黒線がすべての強制要素を足した結果で、そのうち人為起源の要素だけだと赤線になる。長期的に見て、気候に対する加熱として働いているのは二酸化炭素の増加である一方、人為起源エアロゾルの増加や土地利用変化は冷却として働いている。全球平均では火山噴火によるエアロゾルの放出が短期の変動をもたらすが、長期的な加熱の傾向はほぼ人為起源の放射強制によることがわかる。IPCC（2013）より。

の温室効果ガスだけではありません。自然起源の太陽放射の変化や、火山噴火により大気中に放出される硫酸塩エアロゾルが太陽放射を反射する冷却効果などもあります。

大きく見れば、1750年以降の全放射強制力は増え続けており（**図4.4**の黒線）、その長期傾向は、温室効果ガスの増加による加熱の一部を人為起源のエアロゾルによる冷却が打ち消したものであることがわかります（**図4.4の赤線**）。火山噴火による冷却も大きな放射強制力をもちますが、その影響は数年程度しか持続せず、長期の傾向においては間欠的なものです。太陽活動には有名な11年の強弱の周期がありますが、これによる放射強制力の変動幅は $0.05 \sim 0.23 \text{ W/m}^2$ と見積もられています。これは、1750年以降の温室効果ガスの増加による放射強制力（2.83 W/m^2）と比べると1桁小さなものです。

結果として、50年や100年といった時間スケールで20世紀の気候変化

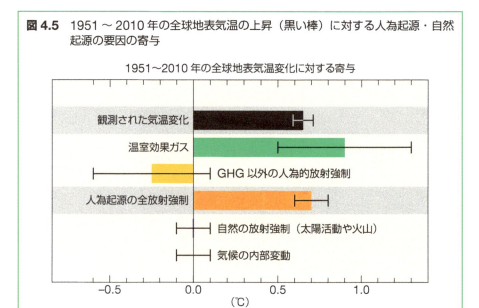

図4.5 1951～2010年の全球地表気温の上昇（黒い棒）に対する人為起源・自然起源の要因の寄与

人為起源の放射強制の寄与（オレンジ）は、温室効果ガスの寄与（緑）とその他（エアロゾルなど）の寄与（黄色）の和として求められる。エラーバーは66％の誤差範囲を表す。このような長期の全球気温変化に対しては、火山噴火や自然の気候変動の寄与は非常に小さい。IPCC（2014）より。

の要因を求めると、少なくとも全球平均では人為的な放射強制力の効果が卓越します。例えば、1951〜2010年の60年間で全球平均地表気温は0.6〜0.7℃上昇しましたが、それに対する自然起源の寄与（太陽放射や火山噴火など）、あるいは気候システムの自然変動の効果は無視できるほどです。つまり、ほとんどの原因は人為起源の放射強制力の増加なのです（図4.5）。

先に触れた通り、人為起源の放射強制力は、温室効果ガスの増加による正の強制と、エアロゾルの増加による負の強制の足し合わせですが、前者は後者の数倍大きいために、正味の放射強制力は正になっています。ただし、時空間のスケールを変えると、各種の放射強制力の相対的な重要性は多少変わります。数年から10年程度では、火山噴火のような自然の放射強制および自然の気候変動がより重要になってきます（第6章コラムを参照）。また、温室効果ガスは大気中でよく混ざるために放射強制力は比較的均質ですが、エアロゾルの放射強制力は地表の排出源の分布によって空間的に偏りがあります。したがって、放射強制力の変化を地域ごとに見ると、全球平均に比べてエアロゾルの冷却が強く効いている場所もあります。

4.3　20世紀に観測された全球的な気候変化

IPCC AR5 の最も重要な結論をまとめた**政策決定者向け要約**（summary for policymakers, SPM）には、以下のような記述があります。

> 気候システムの温暖化は疑いがなく、1950年以降に観測された多くの変化は、それ以前の数十年あるいは数世紀には見られなかったものである。大気と海洋はともに温暖化し、積雪と海氷は減少し、海水準は上昇している。（IPCC AR5 SPM p. 4）

こうした気候の変化の詳しい要因は 4.5 節で述べることにして、ここでは、20世紀後半にどのような気候の変化が起こっているのかを見てみましょう。ここで紹介するグラフの多くには、複数の観測データセットの結果を重ねてあります。20世紀後半は気象ゾンデや海洋ブイ、さらには人工衛星などの観測機器によって豊富なデータが得られましたが（図4.6）、そ

図 4.6 20 世紀後半に発達した気象海洋の観測網

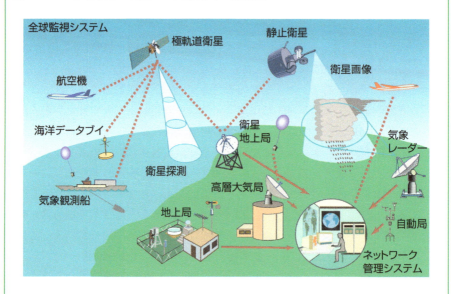

気象ゾンデ、海洋ブイ、人工衛星、航空機観測、レーダーなど、多様な機器と手法を用いて、日々の大気と海洋の状態が観測されている。

れでも長期間にわたって地球全体をカバーすることはできていません。将来の気候変化を予測する上で、20 世紀の気候がどう変化してきたかを知ることは最も重要なので、作成されているすべてのデータを用いて慎重に調べてゆく必要があります。

地表気温と海面水温

第1章で、地球が温暖化していることは疑いがないと述べましたが、もう一度振り返ってみましょう。**図 4.7** は、全球平均の地表気温と、**海面水温**（sea surface temperature, SST）の変化を示したものです。地球表面の7割は海洋に覆われており、海水は大気よりも 1000 倍暖まりにくい性質をもちますから、20 世紀に増加した放射強制力（**図 4.4**）に伴うエネルギーの 93％は海洋が受け取っています。海上の気温は、海面水温が上昇することで同様に上がっているわけです。

図 4.7 から、地表気温（SAT）も SST も同じ傾向で上昇していること

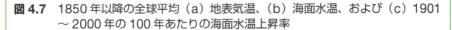

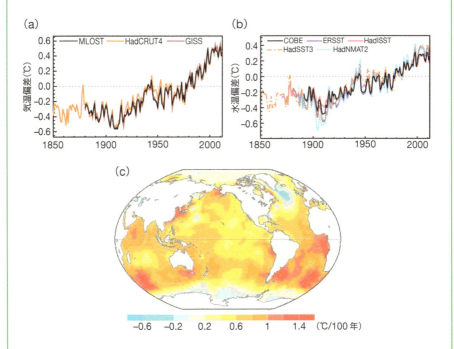

図 4.7 1850 年以降の全球平均 (a) 地表気温、(b) 海面水温、および (c) 1901～2000 年の 100 年あたりの海面水温上昇率

(a)(b) はともに年平均値で、1961～1990 年の平均からのずれ（偏差）。それぞれ、複数のデータの結果を重ねてある。(c) は (b) に示した 5 種類のデータのうち ERSST（米国のデータ）に基づく。(a)(b) は IPCC (2013) より、(c) は Deser et al. (2010) より。

がわかります。1901 年から 2012 年までの 100 年規模で言えば、SAT は 0.75～0.83℃、SST は 0.52～0.67℃（ともに 100 年あたり）上昇しており、SAT の方がやや上昇率が大きくなっています。海上の SAT 変化は SST 変化とほぼ同じ値なので、この違いは陸上気温の上昇が大きいことを示しています。温暖化のペースは近年加速しており、1979 年以降で同じように温度変化率を求めると、SAT は 1.55～1.61℃、SST は 0.72～1.24℃の上昇を示します。

　SST の 100 年規模の変化傾向の分布をみると、水温が上がっている領域は海洋の中央というよりは沿岸域に多いことがわかります（**図 4.7c**）。グリーンランドの南と南極周辺にはわずかに低温化している地域があります

が、ここは 3.5 節で紹介した海洋熱塩循環の沈み込む場所にあたります。これらの地域では、表面を温めるべき熱が海洋の内部に運ばれているため、周囲に比べて温暖化のペースが遅いのです。余談ですが、図 4.7 をよく見ると、日本の周辺で SST の上昇が大きいことに気づきます。実際、気象庁が行っている長期間の観測でもこの傾向が捉えられており、日本海などは世界平均よりも SST の上昇が大きいことがわかっています。これがすべて人間活動によるかどうかは慎重に推定しなければなりませんが、近海の漁業や生態系に対する影響は大きいと言えるでしょう。

上空の気温

地表が温暖化していれば、大気層全体も気温が上昇していると想像するかもしれません。しかし、大気層の温度はゾンデでしか測れず、地表気温に比べて観測地点が少ないために、これを確認するのはそれほど簡単ではありませんでした。近年では、人工衛星の観測から大気層ごとの気温を推定する技術が進んだため、図 4.8 のような気温変化のグラフが得られるようになっています。これを見ると、対流圏の下部では確かに地表と同期して気温が上昇していますが、成層圏の下部では逆に寒冷化が進んでいることがわかります。

こうした気温変化は、まさに 1960 年代に放射対流平衡の理論が予測していた、二酸化炭素倍増時に起こる変化に対応します（図 4.2）。また、20 世紀後半にはアグン（Agung）、エルチチョン（El Chichón）、ピナツボ（Pinatubo）という三つの巨大な噴火がありましたが、この直後には成層圏で気温が急上昇し、対流圏では下降するという逆の変化が見られました。これは、巨大火山が成層圏に大量の硫酸ガスや二酸化炭素を放出し、それが日射を遮ることで対流圏や地表が冷える代わりに、放射を吸収することで成層圏の気温上昇をもたらすというメカニズムで、**日傘効果（parasol effect）**と呼ばれています。

降水と水蒸気

地球上に存在する水の 97% は海水です。大気中の水蒸気や雲粒はわずか 0.001% を占めるにすぎませんが、大気中の水は海洋や陸面との間で活発に循環しています（図 4.9）。大気から水を除去する過程はもちろん降水で、

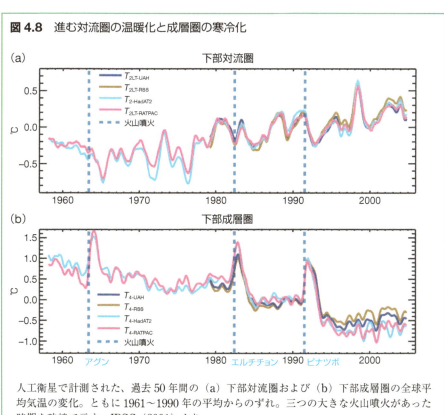

図4.8 進む対流圏の温暖化と成層圏の寒冷化

人工衛星で計測された、過去50年間の (a) 下部対流圏および (b) 下部成層圏の全球平均気温の変化。ともに1961〜1990年の平均からのずれ。三つの大きな火山噴火があった時期を破線で示す。IPCC（2001）より。

大気に水を供給するのは地球表面からの蒸発です。

大気への水蒸気供給の80〜90%は、海面からの蒸発が賄っています。海面水温が上昇すると蒸発も増え、気温の上昇によって大気の飽和水蒸気量も増えるので、大気全体が保持できる水蒸気量は増えてゆきます。実際、限られた観測データではありますが、地表付近の水蒸気量は1970年代以降明らかに増えており、その割合は10年で1%程度です（**図4.10**）。全球平均で見る限り、水蒸気量がいつどの程度増えるかは、全球平均地表気温の上昇で決まっています。そして、温暖化の理論から、およそ1℃の地表気温上昇で水蒸気が約7%増えるということが明らかになっています（5.3節）。

大気中の水蒸気が増えれば雨も増えるだろうというのは自然な推測です。

図 4.9　地球表層の水循環の模式図

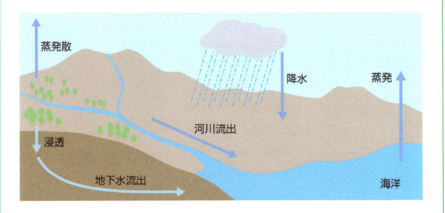

海洋から蒸発した水蒸気は大気中で雲を作り（凝結し）、降水となって海洋あるいは陸上に落ちてくる。陸上の水は河川や地下水を通して海に戻る。こうした水循環は、海洋の暖かい熱帯で特に活発である。

しかし、増えた水蒸気がすべて雨になって落ちるとは限りません。水蒸気というのは水のバランスで決まる量なのに対し、降水量は熱エネルギーのバランスで決まる量なのです。これは、大気中で水蒸気が凝結して降水粒子ができるとき熱を放出するからです。理論的には、全球気温1℃の上昇に対する降水量の増加率は、水蒸気の7％よりもずっと小さい2〜3％程度であると推測されています。したがって、20世紀の雨の観測データを見ても、明らかに増えているという証拠は今のところ得られていません（**図4.11**）。ただし、地域的な降水量の変化や大雨の頻度といったものには、温暖化の影響と思われる変化が検出されています（温暖化と異常気象の関係は第7章で詳しく述べます）。

成層圏オゾン

成層圏のオゾン（O_3）は、赤道域で生成されたものが極に運ばれています。放射対流平衡からは、成層圏オゾンは太陽放射を吸収することで成層圏の気温を上昇させ、対流圏界面を形成するという重要な働きをすることがわかっています（**図4.2**）。また、オゾンが吸収する太陽放射は、波長の短い（エネルギーの大きな）紫外線などを含むので、人体などに有害な紫

図 4.10　増加する大気中の水蒸気量

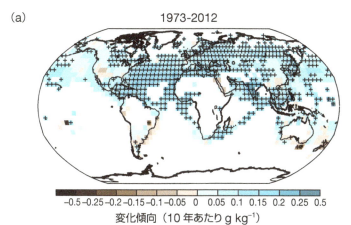

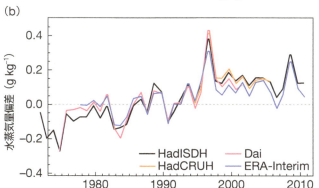

(a) 1973〜2012 年の地表水蒸気量の変化傾向（10 年あたり）。白抜きの領域は十分なデータがないために示していない。＋印は、変化傾向が統計的に有意である地域を表す。(b) 全球陸上平均の地表水蒸気量の変化。4 種類のデータからの推計を異なる色で示す。値は年平均で、1979〜2003 年平均からのずれで表す。IPCC（2013）より。

外線が地表に届くのをオゾン層が防いでいることになります。

　オゾン層が減少しているという事実は、1985 年の NASA の報告が最初でした。南極周辺に、ちょうど穴があいたようにオゾンが少ない地域が広がっている様子が人工衛星で捉えられたときには、世界に大きなショックをもたらしました。ちなみに、日本の南極昭和基地観測のデータでも、このオゾンの減少が見えており、NASA が発表する 2 年前に日本人科学者に

図 4.11 20世紀以降の全球陸上で観測された年平均降水量の変化

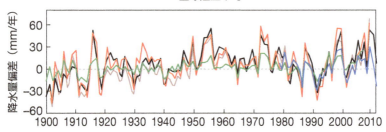

1961〜1990年の平均からのずれで表す。4種類のデータを異なる色で示している。1901年以降の長期間ではわずかに増加傾向、1951年以降だとわずかに減少傾向を示すが、どちらも統計的に有意ではない。IPCC（2013）より。

より学会で報告されていました。しかし、見せ方がうまくなかったのか、空間分布が示せなかったためか、さほどの注目を集められませんでした。科学の世界の一番乗り競争は、100m走と違って明快でない部分がありますが、これはその残念な例と言えるでしょう。

現在では、北半球にもオゾンホールがあることが知られています。これら両極のオゾンホールは、人間の排出するフロン（CFC）や四塩化炭素といった物質が複雑な化学過程を経てオゾン層を破壊した結果であることが明らかにされています。オゾンホールは1980〜1990年代に一気に拡大し、その後はやや回復したように見えるものの、南極については1980年以前のレベルには戻っていません（**図4.12a**）。オゾンの減少傾向がまがりなりにも止まったのは、特定フロン類を規制することを決めた1987年の**モントリオール議定書**（**Montreal Protocol**）が効果を発揮したためだというのが一致した見解です。特に、1996年までに先進国がフロンの全廃を求めたことで、2000年代のオゾンはやや回復を見せたと言われています。それでも、オゾン全量はまだ少ないままで、実際に2015年にはオゾンホールの記録更新が報告されました（**図4.12b**）。

オゾン層が1980年代以前のレベルに戻るには、さらに40〜50年かかるというのが、多くの科学者の見解です。とは言え、モントリオール議定書の成功とオゾン層の緩やかな回復は、人間が変えてしまった気候を自ら

図 4.12 オゾンホールの出現と拡大

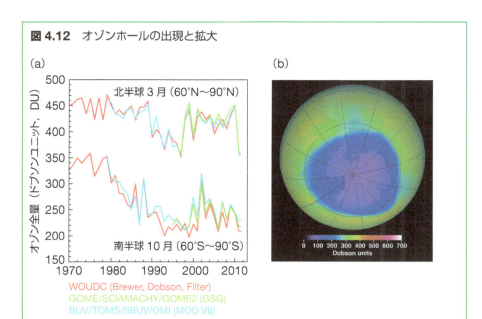

(a) 1970年以降の北半球および南半球高緯度の大気オゾン全量の変化。時期はそれぞれの半球でオゾンが最も減少する3月と10月。オゾン全量はドブソンユニット（Dobson Unit、DU）で表されており、1 DUは1平方センチあたり 2.69×10^{16} 個のオゾン分子に相当する。1990年代後半まではオゾンが急激に減少していたが、それ以降のオゾン全量はおよそ一定のレベルに落ち着いている。(b) 2015年10月に観測された南半球のオゾン全量分布。このときのオゾンホールの面積は記録的に大きかった。(a) はIPCC（2013）、(b) はNASAによる。

の手で復元させることが可能であるという好例で、同じように温暖化を緩和・抑制することも可能であるという希望をもたらしてくれます。

北極の海氷

地球温暖化のシグナルが最も表れやすいのは、地表気温上昇の影響で雪氷の融解が進む極域でしょう。特に、北極海の海氷は1990年代後半から急激に減少しています。北極海氷の面積にはもともと大きな季節変化があり、2月に最も広がり、9月に最も縮小します。それでも、1980年以前は北極海のほとんどで1年中氷が張っていましたが、2000年代にはロシアからアラスカ沿岸に夏の氷が消失する地域が増えてきました（図 4.13a, b）。2007年には、北極の海氷面積が過去最小を記録したというニュースがあ

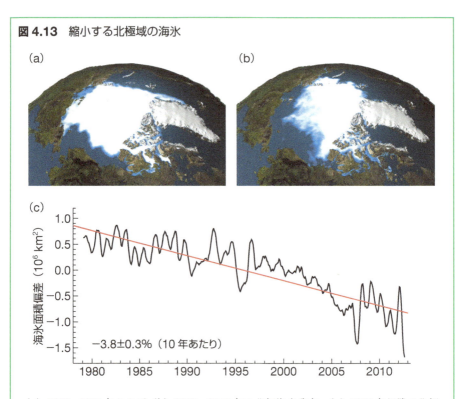

図 4.13 縮小する北極域の海氷

(a) 1979〜1981 年および (b) 2003〜2005 年の北極海氷分布。(c) 1979 年以降の北極域全体の海氷面積の変化。(a)(b) ともに 9 月頃の最も海氷が後退した時期を示すが、最近では明らかにロシア沿岸で海氷が消失している。(c) 全期間の傾向（赤線）は 10 年あたり約 −3.8％の減少であることを示している。(a)(b) は NASA、(c) は IPCC (2013) による。

ちこちで流れましたが、2012 年にはさらに記録が更新されてしまいました（**図 4.13c**）。過去 30 年間の北極海氷面積の縮小は、10 年あたり 3.8％と見積もられます。これは、日本列島が 4〜5 個入るだけの面積です。

　北極海氷の縮小は、よくホッキョクグマの生息域がなくなる、といった生態系への影響が心配されます。ほかにも、周辺の大気循環への影響や、氷が融解することで増える淡水が海洋の塩分や熱塩循環を変えるといった可能性が指摘されています。一方、ユーラシア沿岸で夏の氷が消失することは、通常の船舶が航行できる新たな航路が出現するということを意味します。日本にとっては、南回りのルートを通る船舶が海賊などの被害にあっ

ていることもあり、さっそく新たな航路でのタンカーの航行や通信ケーブルの敷設などの計画に乗り出しています。これは温暖化の数少ないメリットの部分かもしれません。

　北半球の陸地には、広大な積雪域が広がります。これも、1967年の人工衛星観測開始以降、減少が報告されています。特に、積雪域が最も小さくなる6月には、53%も減少していると言われています。また、ヒマラヤやアルプスのような山岳地帯には氷河がありますが、これも1990年代以降融解が進んでおり、世界全体では海水準を12 mm程度上昇させる要因になっています。グリーンランドや南極の大陸氷床も融解していますが、その質量損失は山岳氷河ほどではありません。

　南極大陸周辺にも海氷が存在します。こちらは、実は減少しておらず、むしろ10年あたり約1.5%の割合で増えています。温暖化すると、一方では地表気温や海面水温の上昇により氷の融解量が増えますが、他方では水循環が活発になることで氷上の積雪が増加するのです。北極域では前者の効果が強く、南極域では後者が効いているのではないかと考えられていますが、まだわからない点もあります。ただ、北極と南極の海氷は、存在する緯度が違っています（北極は北緯60°以北に氷があるが南極では南緯78°まで氷が存在しない）。そのことが、北極海氷が温暖化に対してより敏感に応答する大きな理由だと考えられます。

海水準

　温暖化の根拠の一つとして、海洋全体の貯熱量（海洋が蓄える内部エネルギー、海洋の平均水温に比例）が過去60年増加を続けていることを挙げました（**図1.7**）。このことは、近年の海水準の変化にも関わっています。5.3節でも触れていますが、世界全体でみたときに**平均海水準**（mean sea level）を上昇させる最大の要因は、氷河や氷床の融解ではなく、海水そのものが暖まって膨張する、いわゆる熱膨張です。信頼できる人工衛星のデータがある1993年以降に限ってみても、1年あたり3.2 mmという割合で全球の平均海水準は上昇を続けています（**図4.14a**）。これが、ツバルやモルディブなど熱帯の島国に「温暖化で国土が沈む」という懸念を与えています。ただし、海水準の変化に関しては地域性が大きく、最近の約20年では、太平洋の西部で特に海水準上昇が大きく、東部ではゼロか

図 4.14 全球的な海水準の上昇

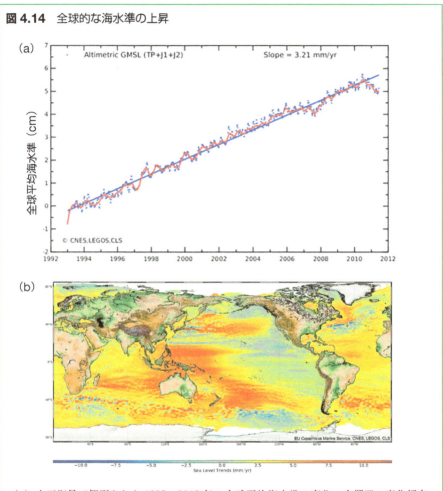

(a) 人工衛星で観測された 1993〜2013 年の全球平均海水準の変化。全期間の変化傾向（青線）は、1 年あたり 3.2 mm の上昇を示す。(b) 1993〜2010 年の各地における海水準の長期変化傾向（単位は 1 年あたり mm）。全球平均では正の値だが、海水準の変化には地域差が大きく、海水準が下がっている地域もある。データはともに仏国立宇宙研究センター（CNES）による。

わずかに下降しています（**図 4.14b**）。また、中緯度では局所的な上昇と下降が入り混じっています。これらの特徴は海水の熱膨張によるものではなく、風が駆動する海洋の循環の変化によるものです。

もともと熱帯太平洋には、赤道の西向き貿易風と亜熱帯の高気圧に伴う

風によって、北半球で時計回り、南半球で反時計回りになるような海洋表層の循環が作られています。これは、第3章で出てきた熱塩循環と対比させて**風成循環**（wind-driven circulation）と呼ばれています。黒潮は、亜熱帯北半球の風成循環の西の端にできる強い海流です。これら風成循環は、地域的な海面高度の差を生じ、フィリピン沖やインドネシア周辺の海水準はペルー沖の海水準より 50 cm も高くなっています（赤道上では、貿易風が海水を西側に吹き寄せるからだと考えれば納得できます）。近年の海水準変化のパターンは、貿易風が強く、亜熱帯太平洋の風成循環が加速していることと対応しますが、これらの変化は必ずしも人為起源の温暖化のせいではなく、10年規模で自然に起こる気候システムの変動である可能性が高いのです（第6章コラムを参照）。したがって、ある地点の潮位計に上昇傾向がみられないからと言って、それが「温暖化で海水準が高くなる」ことの反証にはなりません。

4.4　20世紀に観測された日本の気候変化

　ここまで全球規模の話をしてきましたが、日本の気候は変わっているのでしょうか？　幸い、日本では第二次大戦前から気象データが蓄積されており、長期的な変化を検出することができます。ただし、都市化の進んでいる日本では、広域の温暖化による変化と、**ヒートアイランド現象**（heat island）による都市気温の上昇を区別することが重要です。気象庁の統計では、全国の観測点のうち、都市化の影響が最も小さい15地点を地域的に偏らないように選び出して、日本全体の気温の変化（**図1.6**）を求めています。

気温上昇とヒートアイランド現象

　世界の温暖化と歩調を合わせて、日本の気温も上昇していることは第1章で述べた通りです。**図4.15**には、それに加えて異常高温の月が増え、異常低温の月が減っていることが示されています。これらの変化は、よく見ると戦後の復興の頃（1950年代後半）に既に始まっていますが、やはり明らかに変わってきたのは1990年代以降でしょう。特に、猛暑日の日数は、

図 4.15 1901～2016年までの日本の（a）異常高温月、（b）異常低温月の出現数および（c）猛暑日の年間日数の変化

(a) 異常高温の出現率

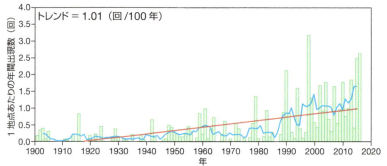

(b) 異常低温の出現率

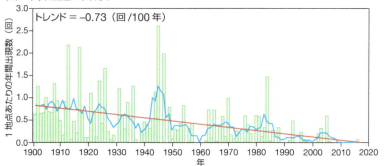

(c) 猛暑日（>35℃）の年間日数

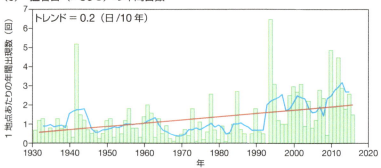

異常高温と異常低温は、全期間で各月の気温偏差の上位4例として定義した。猛暑日は日最高気温が35℃以上になる日として数えている。気象庁（2016）より。

記録的に暑かった1994年以降、それまでの2倍以上に増えています（**図4.15c**）。日最高気温35℃以上の猛暑日は、近年では7月下旬から8月上旬にかけて毎年のように発生しますが、外に出ると息苦しさをおぼえるほどのもので、熱中症に注意しないといけません。21世紀生まれの人はこれが当たり前と思われるかもしれませんが、グラフを見ると、20年前までは夏の最中といってもずっと過ごしやすかったことがわかります。

こうした変化は、北半球の多くの地域で同じように起こっています。大都市圏（メガシティ）では、これに加えてヒートアイランドによる気温上昇がみられます。ヒートアイランドというのは、熱を吸収する緑地の減少、日射を反射するコンクリート被覆の増加、建物からの人工排熱、熱を地表付近に留める都市キャノピー層（空の一部または全部が建物で覆われる空間のこと）の形成などの複数の要因で、あたかも人工の熱の島のように都市域だけ地表気温が高くなる状態です（**図4.16**）。これらの効果は、都市化率（地表が人工物で覆われる割合）が高いほど大きくなります。

都市化率が最も高いのは東京と大阪です。年平均気温の100年あたり上昇率が東京では3.3℃、大阪では2.7℃と、全国平均の1.5℃と比べて、約2倍になっています。また、コンクリートは熱を貯める性質があるので、放射冷却で冷えるべき夜間に熱の放出が増えます。したがって、ヒートアイランドは日中の最高気温よりも夜間の最低気温を上げるように働くのです。ヒートアイランドは、いわゆる二酸化炭素濃度の増加による温暖化とは別の話ですが、人間活動が気温を上げているという点では同じです。念

図4.16 ヒートアイランド現象の模式図

のために補足しておきますが、前節や第1章で示した全球規模の気温変化は、さまざまな手法でヒートアイランドの寄与を除去した結果を示しています。人口1000万以上のメガシティは世界に28ありますが、今のところ、これらメガシティの排熱が地球規模の気候を変えることを示した研究はありません。しかし、2050年までにメガシティは41にまで増え、世界人口の66%がそこに居住するという推計もあります。そうなった場合、気候と人間圏の関わりはさらに複雑になる可能性があります。

積雪の減少と集中豪雨の増加

さて、今度は降水量を見てみましょう。世界の陸上降水量には目立った長期変化傾向がないと前節で述べましたが（**図 4.11**）、日本の年降水量にも同様のことが言えます（**図 4.17a**）。日本列島に降る雨のほとんどは、梅雨や秋雨などの前線に伴うもの、あるいは台風のもたらすものですが、これらの活動は年々の変動が大きく、長期的に増えているとは今のところ言えません。一方で、本州の積雪は明らかに減っています（**図 4.17b, c**）。

もともと、冬の北西季節風が日本海から蒸発する水蒸気をもらい、それが本州の山岳にぶつかることで日本海側に雪を降らせています。日本周辺の海面水温は上昇していますから（**図 4.7**）、水蒸気の供給が減ったわけではありません。むしろ、地表気温と大気下層の気温が上がったことで、雪だったものが雨に変わったり、積もった雪が溶けやすくなったりといったことが影響して、積雪深にして10年あたり12～15%も減少しているのです。今のところ、北海道にはこうした減少傾向はみられませんが、本州では雪不足に悩むスキー場が増えています。

最近のニュースでは、短時間に激しい雨が降ると「ゲリラ豪雨」ということが多いですね。この「ゲリラ豪雨」というのはマスコミによる造語で、一説によると50年以上前に記事で使われたことがあるそうですが、頻繁に登場するようになったのは2008年以降のことです。気象学的には、大気の不安定により激しい雨が突然、狭い範囲で短時間に降る現象のことで、集中豪雨あるいは局地的大雨とほぼ同じです。気象庁では、1時間に80ミリ以上降る雨を「猛烈な雨」と呼んでいますが、こうした大雨を経験した人（都市圏に住むほとんどの人は経験済みでしょう）は、息苦しくなるような圧迫感を感じたと思います（**図 4.18a**）。また、最近では広島で発生し

図 4.17 1898〜2016年までの日本の（a）年降水量と、1962〜2016年までの（b）東日本（日本海側）の最大積雪、（c）西日本（日本海側）の最大積雪の変化

(a) 日本の年降水量

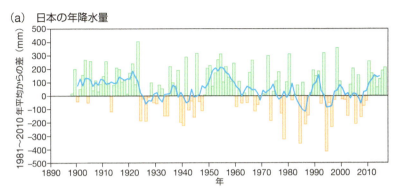

(b) 最深積雪量（東日本日本海側）

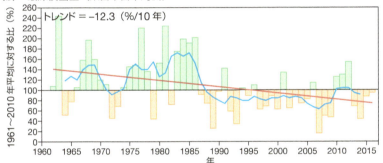

(c) 最深積雪量（西日本日本海側）

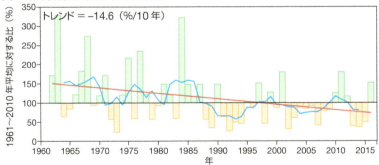

（a）は国内51地点の平均を1981〜2010年からのずれで示したもの、（b）(c)は7、11地点で同じ期間の最大積雪量に対する比として表す。気象庁（2016）より。

4.4 20世紀に観測された日本の気候変化

図 4.18 (a)「ゲリラ豪雨」と (b) 1976年以降の「猛烈な雨」の発生頻度の変化

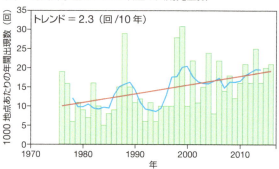

写真：川北茂貴／アフロ

(a)「ゲリラ豪雨」はマスコミの造語で、気象学的に相当するのは時間降水量 80 mm 以上の「猛烈な雨」である。(b) このような短時間の強い降水は、1年に 10〜20 回程度発生するが、長期的には 10 年あたり 2.3 回増える傾向にある。気象庁（2016）より。

た「平成 26 年 8 月豪雨」や、鬼怒川の堤防決壊をもたらした「平成 27 年 9 月関東・東北豪雨」など、大規模な災害に結びついたりもしています。

こうした「ゲリラ豪雨」は、アメダスの観測が始まった 1976 年以降の統計を見ると、確かに増える傾向にあります。もともと「ゲリラ豪雨」はまれな現象なので、1000 地点あたりにして年間 10〜20 回程度しか発生しませんが、これが 10 年あたり 2.3 回増えています。ただし、他の降水や降雪の変化と同じで、年ごとの違いもかなり大きいので、ある年に「ゲリラ豪雨」が多かったからと言って、それがすなわち温暖化によるものだとは言い切れません（第 7 章コラムをご覧ください）。

風物詩の変化

日本人は季節の風物に感性を磨かれてきましたが、中でも桜と紅葉は格別なものです。桜は入学式や入社式など、人生の門出を飾るものですし、紅葉は秋の訪れや冬の気配を感じさせてくれます。それらの時期になると、ニュースでは開花予報や見頃予報が流れます（**図 4.19**）。

しかし、これら日本の春と秋を彩る風物も、温暖化とともに変化しつつあります。サクラの開花時期は、九州で 3 月下旬、北海道で 5 月上旬（北

図 4.19 サクラとカエデの開花時期の変化

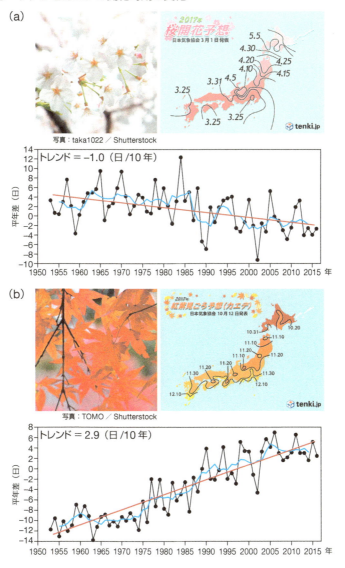

(a) サクラの開花は 3 月下旬から 5 月上旬、(b) カエデの見頃は 10 月下旬から 12 月はじめにかけてであるが、これらも気温の上昇に伴って長期的には変化しており、過去 50 年でサクラの開花は約 5 日早まり、カエデは 2 週間遅れるようになった。これらはともに、日本の夏が長くなっていることを表している。気象協会および気象庁 (2016) より。

海道に咲くのはソメイヨシノではなくエゾザクラですが）と2か月の開きがありますが、各地で開花日の変化を見てみると、観測を開始した1953年以降、開花日が徐々に早くなっていることがわかります。逆に、カエデの紅葉日は10月から12月ですが、徐々に遅くなっています。すなわち、年平均気温の上昇により冬が短く、夏が長くなることで、春の訪れは早くなり、秋の到来は遅くなっているのです。特に紅葉日は過去50年で約2週間も遅くなっており、晩夏がそれだけ長くなっていることを意味しています。

植物の開花や紅葉は、その日の気温だけでなく一定以上（あるいは以下）の気温が何日持続するかといった履歴にも依存します。したがって、過去の傾向をそのまま将来に外挿すればいいということにはなりませんが、今後50年くらいの間には、「桜満開の卒業式」や、「紅葉真っ盛りの師走」といった風景になってゆくのかもしれません。

4.5 気候変化の検出と要因分析

さて、ここまで見てきたのは、20世紀後半に観測された気候から温暖化の兆候が見いだせるかという、**気候変化の検出**（climate change detection）の話でした。これと、4.2節で紹介した放射強制に対する人為起源の温室効果ガスの寄与を突き合せれば、検出された過去の気候変化を人間活動がもたらした、と考えてもよさそうです（**図4.5**が実際にそのことを示しています）。しかし、この**気候変化の要因分析**（climate change attribution）という問題は非常に重要なので、もう少しきちんと調べる必要があります。

全球気候モデルによる要因分析

観測された気候の状態は、すべての原因がもたらした結果だけを表していますから、個別の原因がどのくらい重要であるかを切り分けることができません。そこで、**全球気候モデル**（general circulation model、GCM）を用いたさまざまな種類のシミュレーションの助けを借りて、気候変化の要因分析を行います。

GCMというのはコンピュータ内部に作られる「仮想の地球」で、IPCC報告書のベースとなる将来の気候変化予測（第5章）も行いますし、大気を計算する部分は数値天気予報にも使われています。GCMは物理法則に基づいて大気や海洋の状態を計算するものですが、自然に対する我々の知識は不完全なので、完全に地球の気候を模倣できるわけではなく、誤差がつきまといます（本章のコラム参照）。そうであっても、現在の気候科学において、GCMは全球的な自然の状態を最もよく再現できる唯一の道具で、気候変動の理解を大いに助けてくれます。

　2013年のIPCCの報告書では、「1951～2010年の全球平均地表気温の上昇の半分以上を人間活動がもたらした確率は95％以上」であると結論づけられていますが、その最大の根拠が図4.20です。これは、1860年以降の全球気温の観測値を、2種類のGCMのシミュレーションと比較したものです。一つは、人間活動に起因するすべての放射強制を、仮想的に産業革命前の時点で固定してしまったシミュレーション（図4.20a）、もう一つは、人間活動に起因するすべての放射強制を与えたシミュレーション（図4.20b）です。

　20世紀前半まではどちらもあまり違いはないものの、20世紀後半の観測される温度上昇は、明らかに人為起源の放射強制（特に温室効果ガス）を与えないと再現できないことがわかります。人間活動以外で気候に影響する火山噴火や太陽活動の変化はすべてGCMに与えられていますので、そうした自然の強制だけを与えた場合には、特に大噴火後の一時的な寒冷化だけが目立ちます（図4.8と符合します）。人為起源の放射強制が観測データの再現に不可欠であることは、気温変化傾向のパターンを見ても明らかです（図4.20c）。このように、観測データから特定（今の場合は人為起源温室効果ガス）の強制に対する**気候応答の「指紋」**（fingerprint）を見つけ出すことが、気候変化の要因分析でカギとなるのです。

気候変化の要因分析の条件

　GCMを用いた気候変化の要因分析がうまくゆくには、条件があります。それは、すべての既知の放射強制（自然起源と人為起源の両方）を与えた場合に観測結果が再現できる、ということです。これはさらに言えば、観測された結果が気候システム内部の自律的な変動ではないこと、かつGCM

図 4.20 GCMを用いた全球気温変化の再現と要因分析

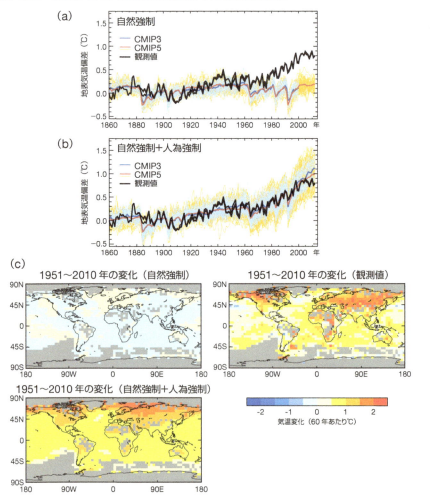

(a)(b) 1860〜2010年の全球平均地表気温の変化。(a) 観測値（黒線）と、GCMに自然の放射強制要素（太陽活動の変化や火山噴火）のみを与えた場合のシミュレーション結果（赤線と青線）。陰影は、複数のモデルの結果のばらつきを表す。モデルの結果は長期的な温度上昇を示していない。(b) 観測値は (a) と同じだが、GCMのシミュレーションは自然強制に加えて人為起源の放射強制要素（温室効果ガス、エアロゾル、オゾン、土地利用の変化）をすべて与えた結果を示す。(a) と異なり、モデルの結果は観測値とよく一致していることがわかる。(c) 1951〜2010年の地表気温の変化傾向を、観測値（右図）と2種類のシミュレーション結果（左図）で比較したもの。IPCC (2013) より。

に結果を左右する重大な誤差がないこと、という条件でもあります。前者に対しては、「気候モデルが自然を再現するのなら、気候システム内部の変動だって再現しているだろう」と思われるかもしれません。しかし、本節で紹介している GCM のシミュレーションでは、個々の気候の内部変動自体は自律的に出現しますが、その極性（強い／弱いあるいは位相の正／負）までは正しく再現できません。これはモデルが間違っているせいではなく、気候システム自身の性質によります（詳しくは第 6 章で述べます）。一方、後者のモデル誤差は今後減らしてゆくことができるはずです（本章のコラム参照）。

例えば、図 4.13 で示した北極域の海氷減少は、地表気温や海洋貯熱量と同様に、GCM に与える外部強制を一定にしてしまうと現れ

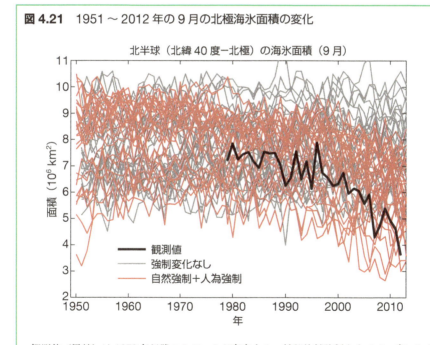

図 4.21 1951〜2012 年の 9 月の北極海氷面積の変化

観測値（黒線）は 1979 年以降のみデータが存在する。外部放射強制をすべて一定にしたシミュレーション（灰色線）と、自然強制と人為強制の両方を与えたシミュレーション（赤色）の結果と重ねている。全体として、すべての放射強制を与えないと観測された急激な海氷の後退は現れないが、モデルごとのばらつきはそれ以上に大きいため、人間活動の寄与を定量的に推定することが難しい。IPCC（2013）より。

ず、すべての放射強制の変化を与えることで観測と似た傾向が得られます（**図 4.21**）。さらに自然強制のみあるいは人為強制のみのシミュレーションを行うことで、「1979 年以降の北極海氷の減少に、人為起源の放射強制が寄与していた可能性が非常に高い」という結論が得られます。しかし、1979 年以前の海氷面積の絶対値が、複数の GCM の間で大きく異なっており、また放射強制が変化しなくとも自律的な海氷面積の変動はある程度存在するため、これ以上定量的に「人間活動が海氷減少の○％を説明する」といったことまでは言えていない状況です。

特定の顕著気象現象の起こりやすさを分析する

　気候変化要因分析のシミュレーションには、少し違った使い道もあります。**図 4.21** に示されているように、観測データは一つ（あるいは異なるデータセットがあってもせいぜい数個）ですが、シミュレーションは異なるモデルや初期条件を使うことでずっと多くの「観測に似た気候のデータセット」を作り出せます。これを用いて、特定の顕著気象現象を対象に、そのような現象が起こりやすくなっているかどうかを分析することができます。

　図 4.22 は、2010 年 7 月に実際に起こったロシアの猛暑を例にとっています。このとき、モスクワ周辺では通常考えられない 25℃近い高温状態になり、山火事が発生したりしました。シミュレーションから、これに対応する異常高温の起こりやすさを、「何年に一度くらい起こるか」を意味する**再帰期間**（return period）という指標で評価する研究が行われています。それによると、1960 年代であれば 100 年に一度しか起こらなかったものが、温暖化している 2000 年代では 30 年に一度起こり得る現象になっていた、という結果が得られます。こうした温暖化と「異常気象」の関係については、第 7 章でもっと詳しく述べますが、21 世紀もどんどん進んで観測データが蓄積されているので、気候変化の要因分析はますます重要になってきます。

図 4.22 2010 年のロシアで起きた猛暑の要因分析

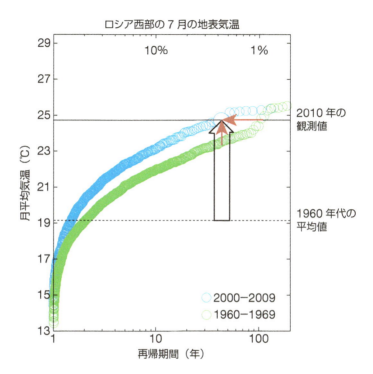

すべての放射強制を与えた GCM のシミュレーションから、ロシア西部の 7 月の地表気温（縦軸）に対する再帰期間を、1960 年代（緑）と 2000 年代（青）の 10 年間で推定したもの。白抜き矢印と横実線は、2010 年に観測された値、横破線は 1960 年代の平均値。赤矢印は、2010 年の異常高温に対する再帰期間の変化および、同じ再帰期間で見た時の気温の差を表す。IPCC（2013）より。

column 気候モデルとは？

　本章及び以降の章では、しばしば全球気候モデルを用いたシミュレーションの結果を紹介していますが、そもそも気候モデルとはどのようなものでしょうか。2.2節で説明したような概念モデルと違い、気候モデルはコンピュータプログラムの集合体です。先端科学で使われる機器やコンピュータプログラムは難しすぎて、しばしばイメージしにくいところもあると思いますので、簡単に説明しておきましょう。

　温暖化で何か起こるか、といったことを書いてある本は巷に溢れていますが（本書もその一つかもしれません）、気候モデルとは何かを説明してくれる本はめったにありません。我々の研究仲間であり、私と同じように気候モデリングを専門としている国立環境研究所の江守正多氏による書籍『地球温暖化の予測は「正しい」か？』（化学同人、2008年）は、そうした意味でお勧めの解説本です。その中に次のような一節があります。

> 「僕がいろんな人に気候モデルの説明をすると、かなり頻繁に聞かれる質問があります。それは、『膨大なデータをコンピュータに打ち込んでいるんですよね？　どんなデータを打ち込んでいるのですか？』」（同書 p. 76）

　私にも似た経験がありますが、この質問は間違ったイメージからきています。気候モデルは自然の気候システム（**図 2.1**）をコンピュータ内部に作り出すものです。より具体的には、実際のシステム同様に太陽放射や海陸分布、温室効果ガスの濃度などの境界条件を与えれば、気温、風、海水温、水蒸気量、降水量といった「膨大な」気候のデータを自発的に生み出します。気候モデルはある種の「仮想実験室」です。調べたい対象である上記の気候要素を与えることは、モデルに答えを教えてしまうことになるので、通常のシミュレーションでは行いません。

　気候モデルの核となるのは、大気や海洋の流体の計算です。これには、流体の運動方程式（ナビエ・ストークス方程式）や熱力学の法則といった確立している古典物理の式を用います。流体は空間を隙間なく埋める物体ですから、地球表層を**図 4.23**のようにたくさんのメッシュ（格子）に区切って、各格子を代表する流れの速度や温度を時々刻々計算してゆきます。

図 4.23 全球気候モデル（GCM）のイメージ

(a)
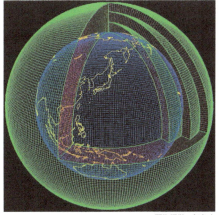
画像提供：気象庁

(b)

写真：JAMSTEC

(a) 気候システムの核となる大気と海洋はともに流体なので、地球を細かなメッシュに分割し、各々のメッシュで平均の温度、圧力、流速などを時々刻々計算する。メッシュの数は数百万個あり、数学的にはそれらの連立微分方程式を数値的に積分することに等しい。
(b) 気候モデルのプログラムは膨大なもので、計算には地球シミュレータのような国内トップレベルのスーパーコンピュータを必要とする。

　基本的には初歩的な数学で習う連立微分方程式をコンピュータで解いてゆくわけですが、格子の数はユーザーが決めます。現在の温暖化シミュレーションでは、格子一つが水平方向に約 100 km 四方、鉛直方向に数百 m から 1 km 程度の大きさです。粗っぽく感じられるかもしれませんが、それでも全球を覆う格子数は膨大になるため、最大規模のスーパーコンピュータを使わないと計算ができません。

　世界には、10～20 ほど気候モデリングのグループがあります。気候モデルは国の基盤科学技術でもあるし、部分的には天気予報のモデルと共通ですから、先進各国はその技術力を維持すべく自前のモデルを開発してきた

という実利的な側面があります。しかし、本質的に気候モデルが一つではいけない理由は、その不完全性にあります。

気候システムを構成するサブシステムは、スケールの切れ目がない（シームレスな）連続体の性質をもっています。サイズが数 km の積乱雲の内部では、数 μm のスケールで雲粒が生成されており（1 μm は 1 m の 100 万分の 1）、それらは凝結熱によって数百 km におよぶ大気の流れを作ると同時に、放射を吸収したりします。雲と放射の相互作用は量子力学的なプロセスで、雲と大気循環の相互作用はシームレスな力学・熱力学的プロセスです。他にもさまざまにあるこうした物理現象（**図 4.24**）は、モデルの格子よりずっと小さい規模なので、直接計算することができません。しかし、これらを無視してしまうと現実のような気候をコンピュータで再現できないので、格子よりも小さな規模の現象による集団効果を、格子の量で関数化するという粗視化あるいは**パラメタ化**（**parameterization**）の計算を組み込みます。

パラメタ化は、ある程度は現象の物理的な理解をベースとしており、それなりにうまく働きますが、完全ではありません。また、確立されている運動方程式と違って、物理の基本原理にルーツをもたないので、関数化のやり方が一意ではありません。例えば、大気乱流のパラメタ化に異なる手法を使った気候モデルは結果が少し異なります。また、パラメタ化を必要とするプロセスは二つや三つではありませんから（**図 4.24**）、それらを組み合わせた各国の気候モデルは、例えば平均気温分布にさほどの違いがなくても、放射強制に対する気候応答の大きさが違ってくるのです。不完全さの度合いには多少の差がありますが、どれか一つのモデルが「正しい」ということがないため、不確実性の幅を多くのモデルのシミュレーションに基づいて推定する必要があるのです（気候予測の不確実性については、5.4 節でもう少し詳しく説明しています）。

この状況は、ある程度まではコンピュータの計算能力次第のところもあり、仮に現在より 1000 倍速いスーパーコンピュータができれば、小規模現象のいくつか（例えば積乱雲など）は格子で直接表せるようになります。しかし、1 μm の格子で地球を覆って計算することはいずれにせよ不可能ですので、問題の本質はコンピュータの進歩では解決しません。

少し悲観的な説明になってしまいましたが、気候モデル開発はきちんと

図 4.24　GCM の内部でパラメタ化されるさまざまな小規模プロセス

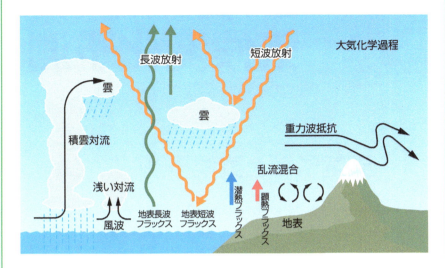

気候モデルが完全な気候システムを再現できない理由は、μm 単位から数 km までの小さなスケールの現象がマクロな大気や海洋の状態に重要であるという気候システムのシームレスな多スケール性による。図には、格子よりも小さなスケールの現象を模式的に示してあるが、これらはすべて気候モデルではパラメタ化されている。

進歩しています。1970 年代には数百 km の格子で大気の計算をするのが精いっぱいだったのが、大気と海洋のモデルを結合してエルニーニョが自発的に生じるようなモデルになり、海氷やエアロゾルなどの計算も取り入れて、1990 年代には現在の気候モデルの基本形が出来上がりました。現在は、さらに自然の炭素循環を加えて、大気中の二酸化炭素濃度までを予測するような**地球システムモデル**（Earth system model, ESM）にまで発展しています。こうしたモデルの高度化は、気候システムに対する我々の理解が進んだことで可能になってきましたし、今後も続くだろうと思います。「ローマは一日にして成らず」という格言がありますが、気候モデルも突然よくなることはありません。それでも、今後 10〜20 年の間には、全球を 1 km の格子で覆った計算くらいは可能になるかもしれません。そのような次世代の気候モデルを使うことで、過去と将来の気候変化に対して現在は知ることのできないびっくりするような新しい知識が得られると期待しています。

第5章 21世紀の気候変化予測

5.1 天気予報と気候予測

　気候の将来予測（いわゆる地球温暖化の予測）の話をする前に、ありがちな疑問に答えておきましょう。しばしば、「2週間先の天気予報が当たらないのに、どうして100年先の気候が予測できるのか？」と考える人がいます。もっともな疑問ですが、これは予測の対象や予測の手法を混同していることからくる誤解です。

初期値問題と境界値問題

　予測というのは、社会のさまざまなところで行われています。しかし、ピタリと当たるもの（例えば皆既月食の日）から外れることも多いもの（例えば株価予測）までいろいろです。これには予測対象の性質が大きく関係しますが、ここでいう天気予報と温暖化予測の違いは、むしろ「予測」の定義と問題設定にあります。

　天気予報は、本質的には高校物理で習うボールの軌道計算と同じです（**図 5.1**）。ボールにかかる力は一定の重力だけで、軌道は投げる瞬間の位置や速度といった初期条件だけで決まります。こうした計算は **初期値問題**（initial value problem）と呼ばれ、気象の場合は現在の風や気温の観測値から計算を始めます（大気の運動はカオスと呼ばれる複雑な性質をもつため、予測の精度には限界があります）。

　一方、温暖化の予測では、将来にわたる温室効果ガスの濃度がこうなるだろう、と仮定した上で、気候の変化を計算してゆきます。これは、ボールの例で言えば、突風で軌道が途中で変化する様子を計算することに当た

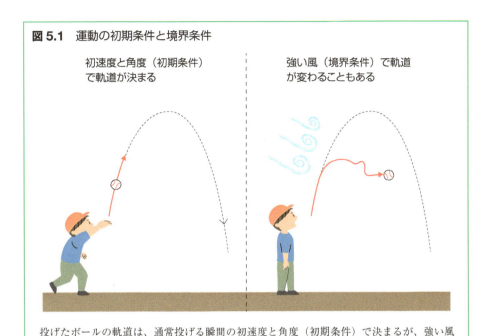

図 5.1 運動の初期条件と境界条件

初速度と角度（初期条件）で軌道が決まる

強い風（境界条件）で軌道が変わることもある

投げたボールの軌道は、通常投げる瞬間の初速度と角度（初期条件）で決まるが、強い風が吹いていたりすると（境界条件）軌道が変わることもある。前者が天気予報、後者が温暖化の「予測」に相当する。

ります（**図 5.1**）。第 2 章で見たように、温室効果ガスは放射を通して温度に影響するので力ではありませんが、温度が変わることで気圧も変わり、大気の運動が変化します。重要なのは、温室効果ガスの濃度が気候システムにとっての境界条件であり、温暖化予測はこれを変えてゆくことで計算を行う**境界値問題**（boundary value problem）であるということです。

「いや待て、将来にわたる温室効果ガスの濃度自体、何らかの予測をしないと出てこないではないか」と言われそうです。その通りです。ですから、温暖化予測は重要なインプットに将来のデータを与えているわけで、本来の意味の**予測**（prediction）ではありません。したがって、日本語では「予測」と書いていますが、IPCC の評価報告書では、現在の気候を将来に**投影する**（projection）という書き方をしています。これは、よりわかりやすく言えば将来の「見通し」といってもよいでしょう。IPCC については第 8 章でも触れます。

気候の予測計算のあらまし

　気候の将来予測計算の流れを**図 5.2**に示します。仮に、2015 年までは過去の気候再現実験、それ以降が将来「予測」だとすると、まず過去から将来にわたる温室効果ガス排出量のデータベースを作成します。二酸化炭素などの温室効果ガスは比較的速くに拡散するので、データは全球平均かせいぜい経度平均の精度があれば十分です。過去の排出量については国別に統計（インベントリーといいます）があるのでそれをもとにします。将来については、これからの社会の推移予測（人口や経済活動、化石燃料への依存度など多くの要因の組み合わせで決まるもので、ストーリーラインと呼びます）を用意し、それぞれに対応する温室効果ガスの排出量変化を推計します。将来の排出量変化の「シナリオ」ができれば、自然の炭素循環などを考慮して温室効果ガスが大気中にどれだけ残るかを計算し、排出量から濃度のデータに換算します。これを、第 4 章で解説した**全球気候モデル**（**または大循環モデル、GCM**）に与えて、過去から将来までの放射強制力の変化と同時に気候の応答を計算します。

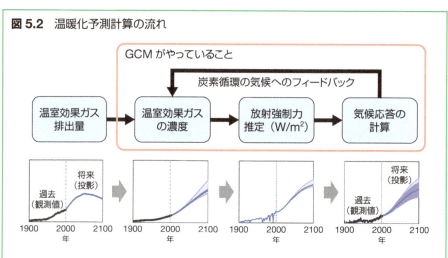

図 5.2　温暖化予測計算の流れ

気候モデルに温室効果ガスの将来変化を与えると、モデルの内部では放射強制力（放射の変化）とともに気温などの気候の変化が計算される（赤枠内）。気候の変化が自然の炭素循環を変えることで大気中の温室効果ガスの濃度に影響するプロセスを含めることもある。IPCC（2001）より。

第 4 章コラムの繰り返しになりますが、GCM は**図 2.1** の気候システムを模倣した数値モデル（コンピュータプログラム）です。そのコアとなる部分は天気予報に用いるモデルと同じものですが、温暖化予測に使う GCM では加えて海氷やエアロゾルなど多くのモジュールが追加されています。すなわち、現在の気候に相当する太陽入射を与えれば、システム全体でエネルギーのバランスが成り立つように調整されているのです。

近年では、GCM に自然の炭素循環（海洋や植物が二酸化炭素を吸収する過程など）や化学循環過程（オゾンの生成消滅など）を組み込んだ地球システムモデル（ESM、前章コラム参照）も温暖化のシミュレーションで使われるようになっています。ESM では、**図 5.2** の「炭素循環の気候へのフィードバック」という矢印が表すように、気候が変化すれば自然の炭素循環が変わり、結果として大気中の温室効果ガスの濃度も変わる、というフィードバックが計算されます。したがって、温室効果ガスの濃度自体がモデルの内部で計算される量になります（過去のデータと合うようにモデルの「調整」は必要です）。

5.2 将来の排出シナリオ

現実に即した温室効果気体の排出シナリオの作成には、**統合評価モデル**（Integrated Assessment Model, IAM）と呼ばれる、社会経済と地球環境を結合させた簡易モデルが使われます。2007 年に出版された IPCC の**第 4 次評価報告書**（Fourth Assessment Report, AR4）以前は、いくつかのストーリーラインに従って温室効果ガスの排出を積み上げるボトムアップの形でシナリオを作っていましたが、2013 年の AR5 では、**代表的濃度経路**（Representative Concentration Pathways, RCP）という新しい方法がとられました（Moss et al. 2010）。これは、いわばトップダウンのシナリオで、2100 年時点での放射強制力をまず決めて、それに対する温室効果ガスの排出量および濃度を逆推定するものです。当然、将来の二酸化炭素排出量の削減がうまく進めば、放射強制力は小さくなります。放射強制力の値として 2.6、4.5、6.0、8.5 W/m^2 の 4 通りを想定し、それぞれ RCP2.6（下位シナリオ）、RCP4.5、RCP6.0（ともに中位シナリオ）、

RCP8.5（上位シナリオ）と名付けています。

上位シナリオの RCP8.5 は、世界が積極的な二酸化炭素排出削減対策をまったく行わない場合に相当します。下位シナリオの RCP2.6 は、極めて徹底した対策を行い、2020 年頃から世界の二酸化炭素排出を減少に転じさせて、今世紀末には排出が負になるような場合です（**図 5.3**）。各国の GCM を用いた温暖化予測は、これらのシナリオすべてについて行いますので、将来起こり得る気候変化の下限から上限までを計算することになります。ただし、以下で見るように、気候変化の特徴自体は異なる RCP シナリオで本質的に異なるわけではないので、自然科学的な温暖化メカニズ

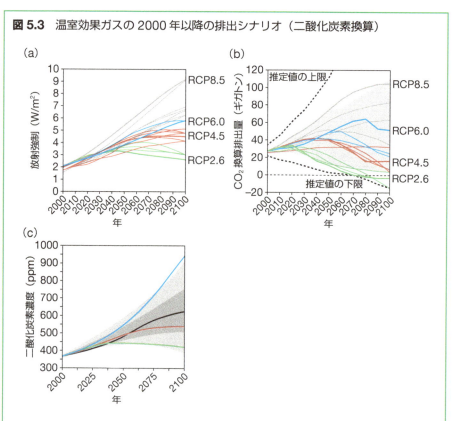

図 5.3 温室効果ガスの 2000 年以降の排出シナリオ（二酸化炭素換算）

（a）は RCP で想定される 4 つのシナリオによる全球平均放射強制力（W/m^2）、（b）はそれらに相当する二酸化炭素の排出量変化予測（ギガトン）、（c）は大気中の二酸化炭素濃度（ppm）。Moss et al.（2010）と van Vuuren et al.（2011）より。

ムの議論には、最も変化が大きく現れる RCP8.5 シナリオで計算した結果がよく使われます。

　RCP シナリオは、温室効果ガスの濃度だけでなく、その他の人間活動に由来する放射強制の原因物質の排出量変化も含みます。代表的なのが、**エアロゾル（aerosols）**と呼ばれる大気中の微量物質です。気候変化という意味では、工業活動で出てくる硫酸塩エアロゾルと、化石燃料を燃やしたときに二酸化炭素とともに発生するススや窒素酸化物が重要です。前者は太陽光を反射することで地表を冷やす効果をもち、後者は温室効果をもちます。以前は、硫酸塩エアロゾルをたくさん排出すれば温暖化の抑制に繋がるという意見もありましたが、クリーン技術が発達するにつれて先進国からの硫酸ガスの排出は減っており、世界全体でも将来の排出量は減ってゆくと予測されます（**図 5.4**）。ただし、これとは別に、寒冷化をもたらすエアロゾルを大気中に積極的に撒くことで温暖化を制御できないか、という考え方は存在します（本章コラム参照）。

　他に温暖化予測計算で与えるべきデータとして、将来の土地利用の変化、自然起源の火山噴火によるエアロゾルの排出と太陽活動の変化があります。

図 5.4　人為起源のエアロゾル排出シナリオ

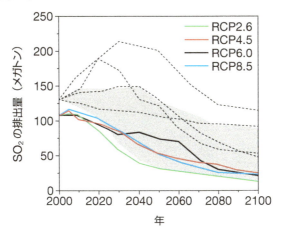

各 RCP で想定される工業活動起源の硫酸塩エアロゾル。破線は以前のシナリオで考えられていた排出量で、新しい RCP シナリオではクリーン技術の進歩が考慮されて予測される排出量は減っている。van Vuuren et al.（2011）より。

ただし、将来のどの時点で大きな噴火があるかは予測不可能なので与えることができません。太陽活動も同じようなものですが、有名な11年周期の変動だけは将来も続くと仮定して与えたりしています。

5.3 今世紀末までに予測される気候の変化

全球平均値

では、最新のIPCC評価報告書であるAR5から、予測される地球規模の気候変化について簡単に見てみましょう。**図5.5**には、4つのRCPシナリオに従って計算された、2300年までの全球平均気温の変化を示しています。今世紀末の20年（2081〜2100年）には、最近の20年と比較してRCP2.6の場合0.2〜1.8℃、RCP8.5だと2.6〜4.8℃もの気温上昇が見ら

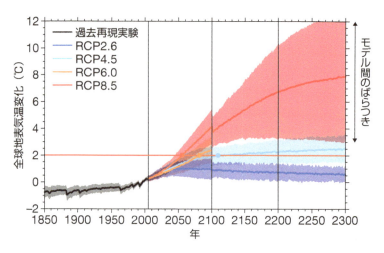

図5.5 多数のGCMで計算された、全球平均気温の19世紀半ばから23世紀末までの変化

1986〜2005年の平均値を基準としている。各RCPでモデルの平均値を実線で、ばらつきの幅を陰影で表している。2100年に不連続があるのは、前後で平均に使うモデルの数が変わっているためで、科学的な意味はない。赤線は+2℃のライン、点はRCP2.6を除くシナリオで+2℃を超えるおおよその時期を表す。IPCC（2013）より。

れます。同じシナリオであっても、計算に使う GCM によって多少違うため、気温上昇には一定の幅があります。とは言え、今世紀最後の 20 年で全球気温が産業革命前から +2℃ を超える確率は RCP2.6 で 22%、RCP4.5 で 79%、他のシナリオでは 100% です。「1 日の間でも 10℃ 以上気温は変わるのだから、2℃ くらいの上昇は大したことがない」と甘く考えてはいけません。年平均気温が 2℃ 上がるというのは、人間社会にとっては大きな変化で、影響も多方面に出てきます（8.2 節参照）。参考までに、記録的猛暑と言われた 2010 年 8 月に東京で観測された気温は平年値 +3℃ でしたから、感覚的にも「かなり暑くなる」ことがわかるかと思います。

気候システムには、地球全体での水のバランスやエネルギーのバランスといった制約がありますから（2.2 節）、気温の上昇とともに水蒸気や雨がどのくらい変わるかということも理論的に説明がつきます。大気中の水蒸気のほとんどは海面からの蒸発によってもたらされていますが、表面気温とともに海面の水温が上がることで蒸発が増えるので、大気はより湿った状態になります。この増加の割合は、1℃ の気温上昇に対して約 7% と決まっています（**図 5.6a**）。雨は大気に含まれる水蒸気が増えれば同様に多くなりますが、水蒸気ほどには増えず、1℃ の気温上昇に対して 2〜3% です（**図 5.6b**）。

気温と降水量の分布

全球平均ではなく空間分布で見ると、気温や降水はどこでも同じように変わるわけではありません。年ごとの自然の変動を取り除くために今世紀末の 20 年で平均した、地表気温と降水量の変化を示したのが **図 5.7** です。分布自体は RCP シナリオ間であまり違いがないので（そのことは、分布を決めるのがシナリオではなく気候システムであることを意味します）、**図 5.6** と同じように、全球気温の 1℃ 上昇あたりの量としてすべてのシナリオを平均した結果を示しています。

まず気温について詳しく見てみましょう（**図 5.7a**）。ほぼすべての地域で温暖化しますが、気温上昇は海上よりも陸上の方が大きくなります。直感的には、海水は熱容量が大きいので暖まりにくいから、と説明したくなりますが、そうではありません。海上では、海面水温が上昇するにつれて蒸発が増える（蒸発するときに海水から潜熱を奪います）のに対し、陸上

図 5.6 温暖化シミュレーションにおける全球平均気温の変化に対する（a）全球大気水蒸気量および（b）全球降水量の変化

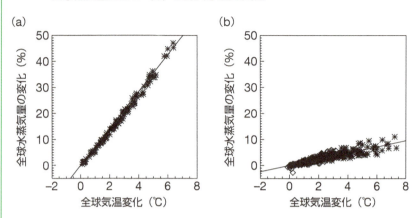

（a）(b) ともに現在の気候に対する変化率（％）として示してある。それぞれの変化率の傾きは、1℃の全球気温上昇あたりの変化を意味する。個々の記号は異なる GCM を表すが、どのモデルでも 1℃の昇温あたりの変化率はほぼ同じであり、水蒸気の方が降水量よりも大きく増えることがわかる。Collins et al.（2010）より。

　地球大気は飽和していないが、水蒸気の主な供給源は熱帯海上からの蒸発であり、低緯度の下層大気は飽和に近い。地球全体での大気水蒸気量の変化は、温度だけで決まるクラウジウス-クラペイロンの関係式

$$\frac{d \ln e_s}{dT} = \frac{L}{R_v T^2}$$

がよい近似として成り立つことが知られている（Allen and Ingram 2002）。e_s は飽和水蒸気圧（飽和水蒸気量に比例する）、T は気温、L は凝結の潜熱、R_v は水蒸気の気体定数である。$L = 2.5 \times 10^6$ J/kg、$R_v = 461$ J/kg/K、$T = 10℃ = 283$ K という数値を代入すると、$d \ln e_s/dT \approx 0.07 = 7\%$ となり、**図 5.6a** の結果と一致する。大気中の水蒸気が増えれば雨も増えるが、全球平均の降水量はエネルギーのバランスで決まるため、その割合は水蒸気の増加率よりも小さい 2～3%/℃である。

では土壌の乾燥化が進み蒸発が増えません。この違いにより、陸上ではより温暖化が進むのです。海と陸のコントラストに加えて、**図 5.7a** には、北極周辺で最も気温上昇が大きいという特徴が現れています。これは**北極温暖化の増幅**（Arctic amplification）と呼ばれており、その最大の原因は 2.3 節で説明した正の氷-アルベド・フィードバックです。南極にも氷床がありますが、南極のまわりをぐるりと流れる海流である**南極周極流**（Antarctic circumpolar current）がバリアの役目を果たすために、北

図 5.7 21 世紀後半の 20 年間（2081〜2100 年）に生じる（a）地表気温と（b）降水量の変化予測

(a) 2081〜2100 年の地表気温変化

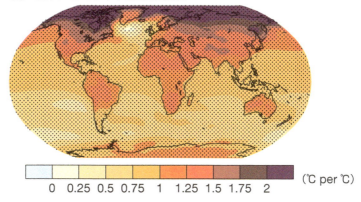

(b) 2081〜2100 年の降水量変化

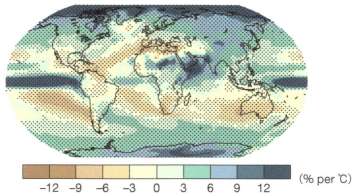

すべての RCP シナリオの結果を用いて、全球地表気温 1℃ の上昇あたりの変化として示す。点描は変化の信頼性が高い領域を表す。IPCC（2013）より。

極ほどには氷がすぐに融けません。

　降水量は気温と異なり、増える場所もあれば減る場所もあります（**図5.7b**）。特に、赤道近くと極域で雨が増加し、亜熱帯では減少するという緯度ごとの違いが目立ちます。低緯度で降水が増加するのは、もともと雨の多く降っている地域だからです。逆に、減少するのは現在の砂漠や半乾燥地などの地域に相当します。したがって、温暖化で一概に雨が増えると

いうことはなく、もともと雨が多いところでますます雨が増え、少ないところでますます減る、という結果になっています。赤道近くの雨は亜熱帯から水蒸気が輸送されることで降りますが、温暖化でこの水蒸気輸送が増えることがその原因と考えられます。このことは、しばしば「**富者がますます富む（rich-get-richer）**」メカニズムと呼ばれています（Held and Soden 2006）。陸上についてみると、アジア域を除く亜熱帯の多くの地域（地中海沿岸、南米、アフリカ南部、オーストラリア）では降水が減るので、土壌の乾燥化が進むと考えられます。

AR5 で述べられている今世紀末までの気温の変化には、他にも以下のようなものがあります。

・熱帯対流圏上部の昇温と成層圏の寒冷化
・熱帯域の拡大とジェット気流の高緯度方向への移動
・熱波や熱帯夜などの極端高温事象および、強い雨の増加

これらは大気大循環の変化とも関連しているため、地表気温だけではなく、高さ方向の気温分布の変化を見る方が理解しやすいでしょう。最後の点はいわゆる異常気象の変化ですので、第 7 章で解説します。

RCP8.5 シナリオの結果を例に、今世紀後半における大気と海洋の温度変化を経度平均したのが**図 5.8**です。大気の場合、地表付近が温暖化するのはもちろんですが、気温上昇は対流圏全体に及ぶ一方、成層圏は逆に寒冷化します（温暖化と寒冷化の境界である 100〜200 hPa 気圧面が、ちょうど対流圏界面付近です）。大気中の二酸化炭素が増えて温暖化するのに成層圏だけ冷えるのは不思議に思われそうですが、実は当然のことです。というのは、温室効果の本質は、大気がより多くの放射を吸収するとともに、射出が増えて地表面が温まることにあります（**図 2.5**）。対流圏の場合、大気がしばしば不安定になり（温まった軽い空気が下にあるので）熱が上まで運ばれることで同様に温暖化します（**図 5.8c**）。一方、成層圏では下からの熱輸送がなく、宇宙空間への放射が増える分だけ冷えるわけです。成層圏の寒冷化が 20 世紀に実際に観測されていることは、前章で述べたとおりです（**図 4.8**）。

対流圏の温暖化には、二つの極大があります。北極域の大気下層で特に気温上昇が大きいのは、後で述べる海氷の減少と関係しています。一方、熱帯対流圏の上部でも大きな気温上昇がみられますが、これは 2.3 節で説

図5.8 21世紀後半の20年間（2081～2100年）に生じる（a）経度平均した気温と（b）経度平均した海水温の変化予測

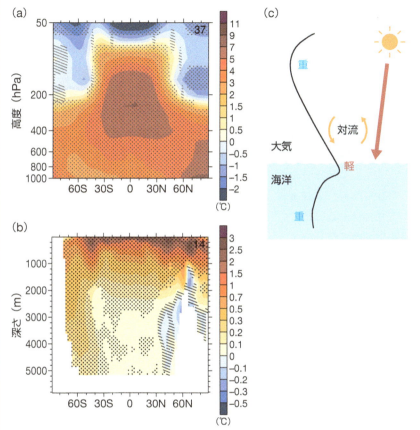

パターンはほぼ変わらないので RCP8.5 シナリオの結果のみを示す。点描は変化の信頼性が高い領域を表す。IPCC（2013）より。（c）大気と海洋の温暖化応答の違いを理解するには、平均温度構造の違いを見る必要がある。日射によって加熱される海面は、大気にとっては下端、海洋にとっては上端にあたるため、鉛直の混合は大気と海洋で異なる。

明した水蒸気のフィードバックが、この高さで強く働くためです。熱帯対流圏の上部が特に温暖化することは、対流圏界面が少し上にずれるとともに、暖かい空気で占められる熱帯域（気象学における熱帯の定義は、低緯度のハドレー循環の境界緯度より赤道側の地域です）が広がるという結果をもたらします。広がるといっても緯度にして数度とわずかですが、中緯

度のジェット気流は熱帯の端にできるものなので、ジェット気流とその上を東に伝わってくる日々の高気圧や低気圧も同様に北へずれます。平均的に低気圧の位置が数百キロメートルずれれば、中緯度の気象には無視できない影響があります。

海洋の場合、水温上昇は上（海面）からはじまり、深層へゆくほど小さくなります（**図 5.8b**）。大気も海洋も同じ流体ですが、その境界面は大気にとっては下端、海洋にとっては上端です（**図 5.8c**）。海面が温められると、表層の海水が軽くなるので、大気と違って対流が起こらず、混合の盛んな表層が最も温度上昇します。例外は高緯度で、特にグリーンランドや南極の周辺では、冷たく重い海水が沈み込んで海洋の深層循環を形成しています。これらの地域では、表層の熱が深いところへ運ばれやすく、水温上昇も低緯度よりも大きくなります。2.4 節で述べた通り、このような温度変化は過渡的気候応答なので、深層の水温はこの後も緩やかに上昇してゆくことになります。

雪氷圏

次に、雪氷圏の変化について考えてみましょう。北極温暖化の増幅が地表気温変化のパターンに表れていることは、アルベド・フィードバックに伴って北極域の海氷がさらに減ることを意味します。北極海氷は 2 月に最も広がり、9 月に縮小するという季節変化を繰り返しますが、2081～2100 年の時点で、どちらの時期の海氷も減少すると予想されます（**図 5.9**）。

RCP2.6 シナリオと RCP8.5 シナリオが減少の上限と下限を表すと考えると、2 月の海氷は 8～34％、9 月は 43～94％まで減少します。年平均で 700 万平方キロメートル（日本列島 19 個分！）も張っている氷が、最悪の見積もりでは完全に消えてしまう季節が出現するということです。現在の海氷は平均して 1～3 m ほどの厚みがありますが、温暖化で薄くなる夏の海氷は、より溶けやすく、また割れて崩壊しやすくなるので、夏の面積の減少が著しくなります。南極周辺の海氷も減少はしますが、北極ほど極端ではありません。

北半球の陸上積雪面積も同様に見てみると、融雪のある 3～5 月の減少が大きく、RCP2.6 シナリオで 7％、RCP8.5 シナリオで 25％と推定されます。ただし、積雪の変化は海氷と異なり、気温変化だけでなく雨の変化

図 5.9 極域海氷分布の将来変化

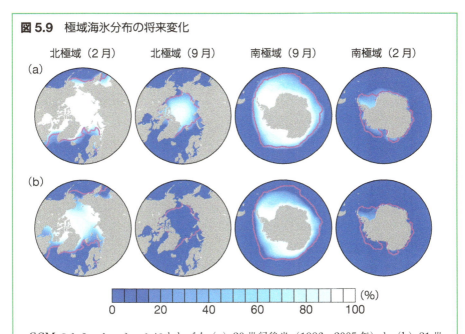

GCM のシミュレーションにもとづく（a）20 世紀後半（1986〜2005 年）と（b）21 世紀後半（2081〜2100 年）の北極・南極域の海氷分布。それぞれ 2 月と 9 月の被覆率（単位％）を示す。21 世紀は RCP8.5 シナリオの計算結果。赤線は、20 世紀後半の観測値で海氷被覆率が 15％の等値線を表しており、20 世紀の分布についてはモデルが観測値とよく合っていることを示している。IPCC（2013）より。

とも関連するので、不確かな点が多くなります。単純に言って、水循環が活発になり降水が増えれば降雪も増えますが、気温が上がることで雪が雨に変わる地域が出てくるのです。懸念されるのは、積雪域の縮小に伴って、シベリアなどの永久凍土も消えてゆくことです。このとき、凍土の下に貯蔵されている大量のメタン（同じ量では二酸化炭素の 10 倍の温室効果をもちます）がガスとして大気に放出されると、温暖化が加速される可能性が指摘されています。

海水準

第 4 章で海水準の 20 世紀の変化について述べましたが、20 世紀初めから 2010 年までの間に世界の平均海水準は 19 cm ほど上昇しています（1 年あたり 1.7 mm の上昇）。この最大の要因は、海水温が上昇することによ

る熱膨張と、北半球の**氷河**（glacier）の融解による淡水の流入です（あわせて全体の75％を説明します）。よく誤解されますが、北極の海氷が融解しても海中での体積は変わりませんから（コップすれすれの氷水で、氷が融けても水があふれないのと同じ）、海水準の上昇と**図 5.9**のような海氷面積の減少は関係がありません。もっとも、南極大陸上の**氷床**（ice sheet）は融解すれば海水準の上昇を招きますが、20世紀の間に目立った減少は観測されていません。では、将来の海水準の変化はどうなると予測されるでしょうか？

AR5では、今世紀の海水準の上昇速度は、すべてのRCPシナリオで20世紀を上回ると報告されています。これは主に、海水温がさらに上昇することに加えて、氷河・氷床の融解が進むためです。今世紀最後の20年（2081〜2100年）を20世紀後半（1986〜2005年）と比べると、RCP2.6で26〜55 cm、RCP4.5で32〜63 cm、RCP8.5では45〜82 cmも海水準が上昇すると見積もられます（**図 5.10a, b**）。特にRCP8.5の場合、海水準上昇速度は1年あたり8〜16 mmと、20世紀の5〜10倍近い速さです。

海水準の上昇については、仮にグリーンランドの氷床がすべて溶けると7 mも海面が上昇して東京が水没する、など大げさに言われることがあります。後で述べるように、今世紀の間にそうした極端な変化は起こりそうにありません（ただし、全球気温上昇が2から4℃の範囲で落ち着いて1000年も経つと、グリーンランドの氷床が失われる可能性もあります。実際、300〜330万年前の鮮新世中期にはそうなっていたことが、古気候記録からわかっています）。

海水準の上昇は基本的に世界の海洋のほとんどで見られますが、特に上昇の大きい地域やそうでもない地域など、パターンを伴います（**図 5.11c**）。地域的な海水準には、水温が上がることによる海水の膨張だけでなく、大気循環の変化が重要です。というのは、海上の風の分布が変化すると、海洋表層の風成循環が影響を受けるからです（4.3節）。例えば、日本の南海上に特に海水準上昇が著しい地域がありますが、熱帯大気循環の拡大に伴って黒潮が北にずれる効果が大きいと考えられます。

海水準上昇によって、サンゴ礁で出来た標高の低い熱帯の島国は深刻なダメージを受けることが予測されます（**図 5.11d**）。また、中緯度の沿岸域でも高潮被害の増加や汽水域の漁業への影響などがあり得ます。環境省の

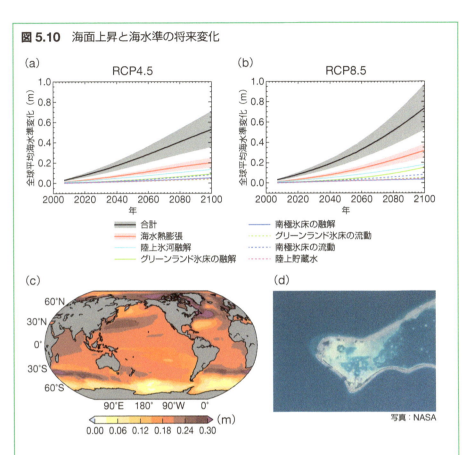

図 5.10 海面上昇と海水準の将来変化

(a)(b) 20世紀後半（1986～2005年）を基準にした21世紀の全球海水準変化（黒線）およびそれに対する各成分の寄与。(c) 21世紀後半（2081～2100年）の海水準変化予測。(d) ツバル共和国。(a)(b) RCP4.5とRCP8.5シナリオの計算結果を示す。陰影は「確からしい」範囲を表す。(c) RCP4.5シナリオの結果。図は全球平均の海水準上昇（0.18 ± 0.05 m）を含む。IPCC（2013）より。(d) 今世紀中に東京が水没する心配はないが、熱帯のサンゴで形成されているような標高の低い島国では、海水準上昇による国土喪失が深刻な問題である。

研究プロジェクトで推定された例では、7～24 cm の海水準上昇（これは今世紀中盤の予測値程度です）が日本経済に与えるダメージは120～430億円にもなる、という評価があります。

図 5.11 温暖化による海洋酸性化

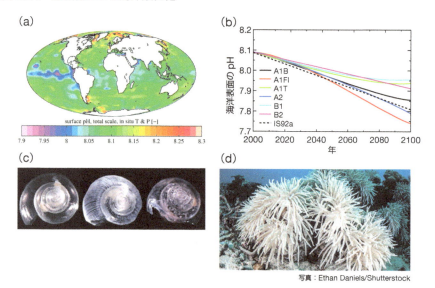

(a) 現在の海洋表層のpH分布。多くの海域ではpHは8.1前後だが、赤道東部太平洋のように深層水の湧昇があるとpHが低く酸性になる。(b) 気候モデルで計算された全球海洋のpH変化予測。二酸化炭素の排出シナリオにより多少の違いがあるが、どれも将来海洋の酸性化が進むことを予測している。(c) 翼足目の巻貝が作るアラゴナイトの殻を、今世紀後半のpHに相当する海水に浸すと、徐々に白化してゆき、やがて溶け始める(左から右)。(d) サンゴ礁もアラゴナイトで作られているため、既に白化の問題が深刻になりつつある。(a) は Global Ocean Data Analysis Project (GLODAP, Key et al. 2004)、(b) は IPCC (2007)、(c) は Alaska Ocean Observing System (AOOS) のHPより。

海洋酸性化

　温暖化でサンゴが白化するという話を聞いたことがあるかもしれません。これは、**海洋酸性化（ocean acidification）**が進んだ結果です。第4章で見たように、人間社会が排出する二酸化炭素の約半分は海洋が吸収していると考えられます。これにより、海水にガスとして溶ける二酸化炭素の濃度が上昇し、海水の性質が酸性化するのです。

　酸性度の指標として使われるのがpHです。pH＝7が中性、それより大きいとアルカリ性、小さいと酸性になります。酸性度は水素イオン濃度に比例して高くなります。二酸化炭素ガスが水と反応すると炭酸水素イオ

ンと水素イオンが生成されるため、二酸化炭素が溶けこんだ海水のpHは下がり、酸性になるのです。現在の海洋表層では、pHは一部地域を除いて8.05～8.1程度の弱アルカリ性です（**図5.11a**）が、産業革命前には8.17程度だったと推定されていますので、既に酸性化が起こっています。

　海水が酸性化すると何が問題なのでしょうか。現在の海洋では、石灰などに含まれる炭酸カルシウム（$CaCO_3$）という物質ができやすい状態にあり、これがアラゴナイト（あられ石）やカルサイト（方解石）といった結晶の形で生物の殻や骨格を作る役目を果たしています。海水に溶ける二酸化炭素の量が増えると、炭酸カルシウムができにくくなるため、特にアラゴナイトの殻をつくる生物にとって脅威となります（詳しくはRuttimann 2006を参照）。

　例えば、海洋のpH将来予測として、今世紀終わり頃に表層のpHは0.2程度下がるという結果があります（**図5.11b**）。このくらいの酸性化で、巻貝の殻（アラゴナイトでできています）は白化し、やがて海水に溶けだしてしまいます（**図5.11c**）。アラゴナイトの殻を作って成長してゆくもう一つの代表がサンゴです。pHが同じくらい下がっても、水温の高い場所では比較的炭酸カルシウムができる条件が整っているので、熱帯のサンゴ礁はまだ深刻なダメージを受けていないかもしれません。しかし、サンゴは成長に時間がかかるため、影響が出始めてからでは手遅れになるおそれもあります。

　海洋酸性化の生物への影響はまだよくわかっていないところも多いのですが、決定的な影響がでる「しきい値」は0.2のpH低下であるという報告もあります。これは、RCP2.6を除くすべてのシナリオで今世紀中に起こり得る範囲の変化です。

5.4 気候変化予測の不確実性

　神ならぬ人間が将来を見通すことは何であれ困難ですから、そこには何がしかの確率的な物言いがつきまといます。天気予報では、「明日の降水確率は70％です」などと言って、傘を持ち歩くかどうかの判断は見る人に委ねるわけです。予測の**不確実性**（**uncertainty**）という場合、温暖化予測

では複数の意味を含んで使われます。

　天気予報では、予測の誤差（当たり外れ）と不確実性（あり得る大気の状態の広がり）は明確に区別して定義されます。一方、気候の将来予測では、対象がずっと先の気候で当たり外れをすぐには検証できないため、潜在的な誤差を含めてあり得る将来の気候変化の幅を不確実性と呼んでいます。この不確実性の議論を抜きにしてただ一つの「もっともらしい将来変化」を示すだけでは、それをどこまで信頼してよいかの尺度がないために、十分な情報とは言えません。実際、IPCCの評価報告書では将来変化の各要素について「どちらかと言えば可能性が高い（50～100％の確率）」「極めて可能性が高い（95～100％の確率）」など、確実さを数値に基づいて記述しています。

　温暖化予測の不確実性には、以下の三つの要因があります。
- 将来の社会経済予測に関わる温室効果ガス排出シナリオの不確実性（シナリオ不確実性）
- 与えられた排出シナリオに対する気候応答の不確実性（モデル不確実性）
- 気候システムが本来もつ不確実性（気候内部変動の不確実性）

　このうち、シナリオの不確実性については、**図5.3**に示したように複数のケースを考えることで対応します。モデルの不確実性というのは、同じRCPシナリオでも昇温量が異なる（**図5.5**）ことからわかりますが、これは世界中の多くのGCMで同一シナリオを用いたシミュレーションをしているので、それらのばらつき具合で測ることができます。内部変動の不確実性は天気予報と同じ性質です。例えば、今世紀後半のいつエルニーニョが起きるかといったことは、温暖化とは別の気候システム本来の力学で決まりますが、これは予測できません。重要なのは、将来のどの時点の予測にはどの不確実性が大きいのかを知ることです。

　例として、全球や地域の気温の将来変化がどのくらい不確実なのかを計算した結果を**図5.12**に示します。不確実さの度合いは、予測された変化量に対する予測のばらつきの比で表します。約20年先までの近い未来の予測を別にすれば、不確実性は先にゆくほど大きくなります。この第一の要因は、排出シナリオごとの放射強制の違いが21世紀の後半ほど大きいことです。将来の社会がどうなるかが一番不確実だと思えば、直観的にも理

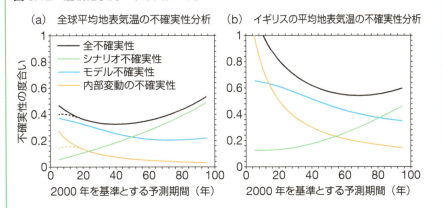

図 5.12 温暖化予測の不確実性を測る

複数の GCM で行った温暖化予測をもとに、10 年平均の地表気温変化に対する不確実性を推定したもの。単位は予測された変化量の平均値に対する予測の 90% 信頼幅の比。全不確実性はその他の三つの不確実性の和で表される。(a) 全球平均気温、(b) イギリスで平均した気温。Hawkins and Sutton (2009) より。

解しやすい結果でしょう。一方で、21 世紀中頃まではどのシナリオを使っても結果に大きな違いがありません(**図 5.5**)が、主にモデルの不確実性によって全体の不確実性が大きくなっています。

　そもそも、気候モデルの不確実性とは何でしょうか？　大気や海洋のゆらぎによる気候内部変動の不確実性は別扱いなので、モデルがパーフェクトに現実を模倣していれば、モデル不確実性は存在しません。「すると、これは潜在的な誤差なのではないか？」その通りです。第 4 章のコラムで解説した通り、GCM は地球の空間をたくさんの格子に分けて計算を行っていますが、格子よりも小さな現象を表現するのに用いられるパラメタリゼーションには多少の無理があるので、GCM による現実の模倣には限界があります。また、パラメタリゼーションのやり方自体が一つではないため、いろいろな組み合わせ方によって結果が異なってきます。これが、GCM 間の結果のばらつきの原因となっています。

　コンピュータの能力が増せば格子を小さくできますから、いずれ地域規模の気候変化(**図 5.12b**)の不確実性はある程度減らせるかもしれません。しかし、いくら細かく計算しても残る不確実性はあります。解決が困難なモデル不確実性の代表と言えるのが、第 2 章で述べた平衡気候感度(ECS)

でしょう。モデル不確実性による過渡応答の幅を狭めるためには、ECSの幅が小さくなる必要があります。しかし、1980年代以降のいろいろな世代のGCMを用いた推定から、モデルが単に高解像度になっただけではECSの幅は小さくならないことがわかっています。

モデル不確実性が将来の気候変化に具体的にどう関わるかというと、
A. モデル間で変化の符号がまちまち
B. モデル間で変化の符号は一致するが、大きさがまちまち
C. モデル間で変化の符号・大きさは一致するが、全体が間違っているかもしれない

という3種類があり得ます。A.は例えば、第6章で議論するエルニーニョが将来強まるか弱まるか、といった問題です。C.はわかりやすい具体例がありませんが、現時点で疑われる可能性以外に予期できない問題（"unknown unknowns"と呼ばれるカテゴリー）を含みます。B.は最もましな予測ですが、変化の大きさが確実でないと、例えば前節で述べたティッピングポイントの議論が難しくなります。

B.のよい例が、北極海にいつ氷のない季節が出現するかと、いう問題です。図5.9に示したように、すべてのGCMの結果を平均すると、今世紀終わりの時点で、夏の北極海沿岸域に既に氷はなくなっていますが、いつその状態になってしまうかはモデルによって大きく異なります（図5.13a）。早ければ2050年頃、遅ければ今世紀中は夏にも海氷が残る、という結果まであります。氷が消失して北極海が開けることは、新たな北回りの航路ができることを意味しますから社会にとってよいこともありますが、国際的なルールを作るためにも、それがいつなのかをもっと的確に予測する必要があります。このモデル不確実性の大きな原因は、GCMが現在の海氷分布を過大もしくは過小に表現していることと考えられます（図5.13b）。

図5.13からもわかる通り、GCMには「性能」の違いがあります。個々のモデルはできる限り現在の気候の特徴（海面水温や降水の分布など）を再現するように調整されていますが、その再現度合いはGCMごとにまちまちです。中にはかなり実際に近いシミュレーションができるGCMがある一方、逆にあまり現実を上手く再現できていないGCMも含まれています。

「GCM間にばらつきがあるならば、そのうちもっとも過去・現在の気候

図5.13 北極海氷の将来予測に伴う不確実性

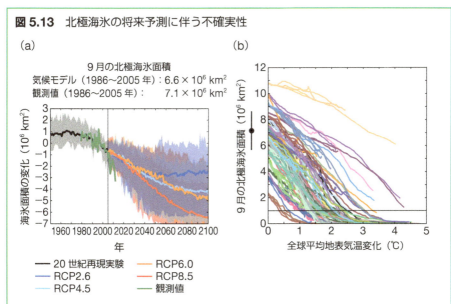

(a) 図5.9と同じ各RCPシナリオにもとづく複数のGCM計算で、9月の北極海氷面積の20世紀後半から21世紀末までの変化をみたもの。各モデルで1986～2005年平均値からの差を示している。陰影はモデル間のばらつきを示す。どのシナリオでもモデル間のばらつきが大きいが、RCP8.5シナリオでは、早く氷がなくなるモデルから先に海氷のない状態（目盛りの一番下）に達する。(b) 同じ計算結果を、全球地表気温変化に対してプロットしたもの。1986～2005年平均値は引いておらず、同期間の観測値を図左の黒線で示している。(a) よりも線が大きくばらついているが、その理由は現在の海氷面積が正しくシミュレーションで再現できていないためで、1℃の昇温に対する海氷面積の変化（線の傾き）は比較的似ていることがわかる。IPCC（2013）より。

再現性がよいものに高い得点をつけてやればよいのではないか」という声が聞こえそうですね。こうしたモデルに対する重み付けをするための指標を気候メトリックと呼び、多くの研究で有効な気候メトリックの探求が行われています。しかし、気候システムの複雑さゆえに、あるメトリックでつけたモデルの順位は、別のメトリックでは変わってしまうことがほとんどです。GCMのすべての側面を評価できる単一の気候メトリックは存在するのか、また、そのメトリックがモデル不確実性をどこまで小さくするのかはわかっていません。

column　気候工学——将来の気候変化を制御する？

　人類の文明は、森をひらき都市を作り、自然の環境を改変することで発達してきました。その過程で、焼き畑による熱帯雨林の消失や都市化に伴うヒートアイランドなど、文明社会にはね返ってくる問題が生じています。エネルギー確保のために化石燃料を燃やすことで起きている地球温暖化は、そうした問題の最たるものでしょう。これらの問題は、人間が「意図することなく」起こった環境改変の副作用と言えます。

　これに対して、人間が問題を解決するために「意図して」環境を改変するという考えがあります。自然との共生を好む日本人には今一つ共感しにくい考えですが（とは言え日本でも列島改造論などがはやった時代もありました）、欧米では真面目に議論されています。例えばレイチェル・カースンの「われらをめぐる海」（カースン 1977）では、20世紀初頭にアメリカ合衆国議会で本当にあったエピソードとして、巨大な堤防を築いて大西洋の海流を変え、アメリカ北部の気候を温暖にしようという計画が紹介されています（幸い実行されませんでした）。こうした流れの延長として、温暖化問題の対策として意図的に行う自然への介入——総称して**気候工学**あるいは**地球工学**（**geoengineering**）と呼ばれます——が検討され始めています。

　気候工学の柱は、**太陽放射管理**（**solar radiation management, SRM**）と**二酸化炭素除去**（**carbon dioxide removal, CDR**）という手法です（杉山 2011）。前者は温暖化を抑えるために太陽入射を減らして地球を「冷ます」ことを、後者は温暖化の原因である二酸化炭素を大気中から取り除くことを意味します。SRMの代表的な方法として、飛行機やロケットなどで成層圏に硫酸塩エアロゾルを大量に注入するというやり方があります。これは、火山噴火の後に気候が少し冷えることが知られているので、効果がある程度保障されています。また、海上に特殊船舶を浮かべて海水を大気中に撒き、低層の雲を増やして太陽光線を反射させるというアイデアもあります（**図 5.14**）。どちらも何だか SF みたいな話です。ただし、SRM は海洋酸性化といった温度上昇以外の温暖化の影響には役にたたず、また二酸化炭素の排出を減らすわけではないので、現在の温暖化対策から目をそらすことになるといった問題があります。また、すぐに想像

図 5.14 気候工学は有効な温暖化対策になり得るか？

(a)

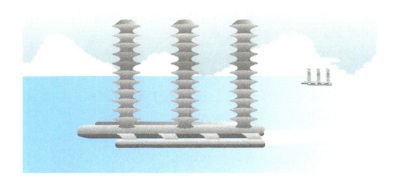

(b)

(a) 気候工学の一つとして考えられている、船舶で海水を吸い上げて大気中に散らし、低層雲を増やすことで太陽放射の反射を強くするという案。(b) 気候工学では他にもさまざまなアイデアが検討されているが、まだ研究の段階で実行されたものはない。

できることですが、もしどこかの国が大規模に大気の性質を変えると、その影響はその国を超えて広がりますから、国際問題になってしまいます。

一方、CDRの代表として、海洋に鉄を散布して植物プランクトンを増やし、光合成を活発にして二酸化炭素を取り込むという方法があります。CDRはより直接的な温暖化への対症療法で、植林による二酸化炭素の吸収

や、既に民間で技術開発が進んでいる**二酸化炭素の回収・貯蔵（carbon dioxide capture and storage, CCS**）と似ています。RCP2.6シナリオのように、将来のどこかで二酸化炭素の排出をマイナスに転じさせるためには、CDRであれCCSであれ、大気中の二酸化炭素を取り除くことが必要です。しかし、通常の温暖化対策と同じかそれ以上のコストがかかる場合、さほどの利点がありません。

　気候工学については現在でも賛否両論です。科学技術に対して楽観的な人たち、あるいは温暖化対策をビジネスとして捉える人たちは概ね気候工学に前向きで、温暖化が進んだときのカタストロフィック（壊滅的）な被害を避けるための「保険」になる、と考えています。一方、気候システムの複雑さを痛感している自然科学者の多くはそうですが（私もその一人です）、我々が理解していない自然のメカニズムがあるからには、自然を改変することで予想外の副作用が生じる可能性が否定できない、として気候工学に厳しい見方をとります（マイクル・クライトンの小説をご存じの人は、思慮に欠ける技術の利用が思わぬハプニングを招いて別の人が尻拭いをさせられる、というストーリーを思い浮かべていただければと思います）。

　気候工学というのはまだ研究（検討）の段階で、実際に実行されたものはありません。いずれにしても、既にアイデアが出てきている以上、遺伝子操作などの問題と同じで早急に国際的なルールを作っておいて、どこかの国や企業が勝手に気候工学の方法を実行してしまわないようにしなければいけません。そのために、提案されている手法に本当に効果があるのか、考えられる副作用は何か、といったことを調べることは必要でしょう。気候工学は「人が神のごとくふるまおうとする傲慢」なのか、あるいは注意深く進めることで社会に対する良薬になり得るのか、まだ答えは出ていません。

第6章 自然の気象・気候変動

6.1 気象と気候の変動

　第3章で見たように、長い時間スケールで眺めれば、地球の気候はダイナミックに変わり続けてきました。もしも地球上に人類が存在していなかったとしても、自然の変動は気候にゆらぎを生じさせるはずです。現在の人間社会にとっても、数日から10年程度の時間であれば、そのような自然の気候変動の影響は地球温暖化以上に大きいと言えます。本章では、そうした自然の気象・気候変動の代表的なものを見てみましょう。

　気象や気候の変動は、時間スケール（変動の持続時間）と空間スケール（影響の及ぶ範囲）が概ね比例しています（**図6.1**）。気象の変動は小さなものでは竜巻（～1 km）や集中豪雨（～10 km）などからジェット気流の蛇行（～1万 km）まで幅広く存在します。一方、気候の変動は大きな空間スケールのものが多く、10年よりも長い時間スケールではほぼ全球規模になります。

　まず、気候の変動についてです。自然の気候変動にも2種類あります。一つは、大気や海洋など、気候システムのサブシステム（あるいはサブシステム同士の相互作用）に原因をもつ、**気候の内部変動**（internal variability）です。気候内部変動の時間スケールは、変動に関わるサブシステムがもつ熱容量と運動の慣性でおおよそ決まります。大気は海洋に比べて熱容量が1/1000しかなく、運動の慣性も小さいため、大気だけで生じる変動（6.4節）の時間スケールは長くても数か月程度しかありません。したがって、1年を超える持続時間を持つ気候の内部変動では、大気と海洋が連動する、あるいは海洋が主体となって起こす、のどちらかである場合がほとんどです。

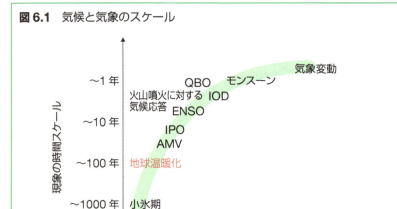

図 6.1　気候と気象のスケール

気象・気候の変動現象は、大まかにその時間スケールと空間スケールが比例する。地球温暖化（赤字で表示）は全球および 100 年規模の気候変化だが、それ以外にもさまざまな時空間スケールをもつ気候変動が存在する。図中の略語は本文を参照。

　もう一つは、人間活動が関与しない自然の放射強制に対する気候の応答です。1000 年未満の時間スケールでは、太陽活動の変化と火山噴火に伴うエアロゾルが 2 大要因です。例えば、1991 年に起きたピナツボ火山の噴火は 20 世紀最大のものですが、その後数年にわたって全球規模で気温低下が生じました。これは、成層圏まで巻き上がった噴煙中の硫酸塩エアロゾルが太陽放射を反射したためです。また、1645〜1715 年には太陽黒点数が表す太陽活動が非常に不活発だったことがわかっており、**マウンダー極小期**（Maunder minimum）と呼ばれています。これが、中世の北半球で寒冷化が進んだいわゆる**小氷期**（little ice age）の一因だったと考えられています（3.6 節）。

6.2 気候の内部変動——年々変動

エルニーニョ―南方振動

　気候内部変動の代表は、ニュースなどでよく耳にする**エルニーニョ**（**El Niño**）です。エルニーニョのしくみは以下のようなものです。

　熱帯の海面水温（SST）は、平年状態ではインド洋から太平洋西部にかけて特に高く、この地域は**赤道暖水域**（**equatorial warm pool**）と呼ばれています。一方、東太平洋のペルー沖合では、暖水域よりも水温が5℃程度低い**冷舌**（**cold tongue**）が発達しています（図 6.2a）。暖水域上では、高い SST のために積雲対流を活発化することで、地表の気圧が低くなりますが、冷舌上では下降気流が生じるために、気圧が高くなります。赤道海上の風は気圧の高い方から低い方へ吹きますので、西向きの**貿易風**（**trade winds**）が強まります。

　一方、貿易風は暖かい海水を西に吹き寄せ、東側では湧昇を励起して海面を冷やすので、SST の東西コントラストを強めるように働きます。すなわち、東西の SST コントラストと貿易風は、互いに強め合う正のフィードバックを形成しているのです。このプロセスを、発見者の名前をとって**ビヤクネス・フィードバック**（**Bjerknes feedback**）と呼んでいます。ビヤクネス・フィードバックは、第 2 章で述べた温暖化の気候フィードバックと違い、大気と海洋の間に働くもので、熱帯大西洋にも同様に見られます。

　何かの拍子に貿易風が弱くなったとすると、ビヤクネス・フィードバックは

　弱い貿易風
　　⇒　弱い SST の東西コントラスト
　　⇒　積雲対流活動が東へ拡大する
　　⇒　貿易風をさらに弱める

という具合に変化を助長し、結果としてエルニーニョが成長します。このとき、平年からのずれでみた SST——すなわち SST の**偏差**（**anomaly**）

図 6.2 エルニーニョの海面水温（SST）分布

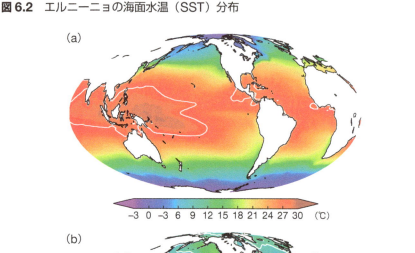

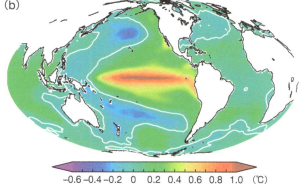

（a）平年時の分布と（b）エルニーニョ時の偏差（平年値からのずれ）。白い等値線はそれぞれ、28℃と0℃を表す。

——は、赤道中東部太平洋で大きな正の値、西太平洋でやや負の値を示します（**図 6.2b**）。これが典型的なエルニーニョのパターンで、海面気圧では赤道太平洋の東西で正と負の偏差パターンを伴います。後者は**南方振動**（**Southern Oscillation**）と呼ばれ、海洋のエルニーニョと対になる大気の変動です。このセットは大気と海洋が相互作用して生じる現象の各々の側面ですから、まとめて**エルニーニョ・南方振動**（**El Niño/Southern Oscillation, ENSO**）と呼んでいます。ENSO という場合、エルニーニョだけでなく、逆方向に振れた変動、すなわち貿易風が強くなり冷舌が平年

よりも発達する**ラニーニャ**（**La Niña**）も含みます。

よく知られていることですが、エルニーニョとラニーニャは数年おきに繰り返す、振り子のような現象です。ENSOの指標として、赤道中部太平洋のSST偏差をとると、その時系列は不規則な振動の特徴を示します（**図6.3**）。この振動の周期は4〜7年と幅がありますが、ほとんどの場合、エルニーニョとラニーニャは夏頃に成長をはじめ、12〜2月に成熟期を迎えます。

面白いことに、20世紀の後半から現在までに、史上最大級の「スーパーエルニーニョ」が三度発生していますが、それらの間隔は15〜20年おきで、また20世紀の前半には見られません。こうした特徴がたまたまなのか、あるいは長期的な気候の変化と関連があるのかは、まだわかっていません。一つ確かなことは、観測データのある19世紀後半から現在まで、ENSOが継続的に存在しているという事実です。これはさらに数千年前まで遡っても言えることで、少なくとも現在の大陸配置ではENSOは気候システムに本来備わっている変動現象であると考えてよいでしょう。すなわち、地球温暖化とENSOは本来別の現象ということです。

ENSOはそれだけで1冊の本になるくらい奥が深く面白い現象ですが（例えばPhilander 1990、渡部と木本 2013）、ここではなぜ振動するのか

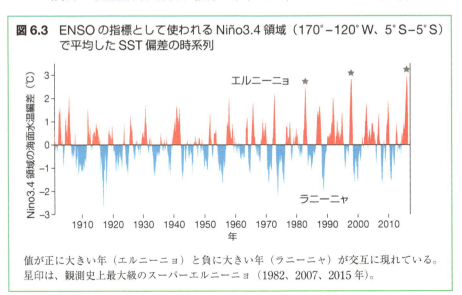

図6.3 ENSOの指標として使われるNiño3.4領域（170°–120°W、5°S–5°S）で平均したSST偏差の時系列

値が正に大きい年（エルニーニョ）と負に大きい年（ラニーニャ）が交互に現れている。星印は、観測史上最大級のスーパーエルニーニョ（1982、2007、2015年）。

だけを簡単に説明してみましょう。もともと、赤道付近でSSTが高いのは、日射を多く受け取っているからですが、日射による加熱はどの経度でも基本的に同じなので、海面を東西一様に暖めようとします。一方で、地球が自転しているせいで、赤道付近では（大気よりも地球の方が速く回転する）貿易風が作られ、海洋の東西に陸地があれば、貿易風は**図6.2**のように東西のSSTコントラストを作ろうとします。熱帯太平洋の平均状態は、この二つの作用のせめぎあいで決まっているのです。

ただし、このような平均状態は実は落ち着いていることができず（力学用語で線形不安定といいます）、むしろ、この状態のまわりでふらふら揺れている状態の方が安定になります。これがエルニーニョとラニーニャのサイクルです。一度揺らしたブランコは、無理に止めるよりもそのまま身をまかせていったり来たりしている方が楽なのと似ていますね。

ENSOは、現在の気候で最大の内部変動です。したがって、その気象や天候への影響も広範に及びます。**図6.3**を見ると、エルニーニョが強い年のSST偏差は約3℃です。「なんだ、その程度か」と思われそうですが、先にも書いた通り、大気と海洋の熱容量（質量×比熱）の比はおよそ1:1000です。エルニーニョで水温が上昇するのが表層100 mだけであることを考えても、3℃の水温偏差は大気に換算すれば対流圏全体が30℃も加熱されるほどのエネルギーに相当します。

エルニーニョでSSTが高くなった赤道域では、積雲対流が活発化して雨が増えます。このとき発生する凝結熱が、この膨大なエネルギーを大気に渡す役割を果たし、結果として地球全体の大気循環が少しずつ変わって、各地で異常気象の引き金になるのです（**図6.4**）。例えば、エルニーニョ年の冬には、日本を含むアジアの広い地域は暖かく、インドネシア付近では雨が少ない一方で、カリフォルニアや南米の一部では雨が多くなる傾向にあります（ラニーニャ年は逆）。

大気を通じたエルニーニョの影響は、熱帯域では東西に、中緯度では北米・南米大陸の方向に広がります（理由は6.4節で説明します）。日本はその意味ではエルニーニョの「上流域」にあたるのでそれほど影響がないとも言えますが、それでも「エルニーニョの発生年は冷夏暖冬」という統計的な傾向があります。このときのようすを**図6.5**に示しましたが、エルニーニョのせいで西太平洋の積雲対流活動が弱くなることが重要です。そ

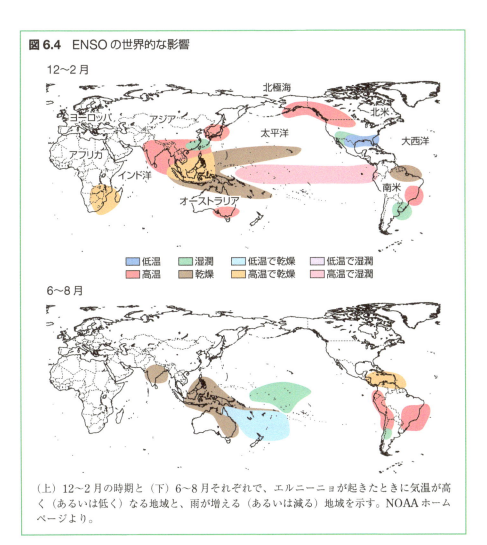

図 6.4 ENSO の世界的な影響

（上）12〜2 月の時期と（下）6〜8 月それぞれで、エルニーニョが起きたときに気温が高く（あるいは低く）なる地域と、雨が増える（あるいは減る）地域を示す。NOAA ホームページより。

の影響で日本の南海上は晴れがち（高気圧）になり、ジェット気流が北へ蛇行しやすくなります。すると、北日本を除く日本列島は暖かい空気に覆われやすく、大陸からの寒気の流入が弱まるため、暖冬の傾向になります。2015 年のエルニーニョの例では、東日本の冬の気温は平年より高くなる確率が低くなる確率の約 3 倍と予測されていました。

図 6.5 ENSO の日本への影響

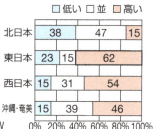

（左）エルニーニョ時の典型的な大気の特徴と（右）2015 年のエルニーニョ時の冬の季節予報（各地域の気温の確率予報）。気象庁資料より。

その他の年々変動

その他の年々変動について、もう少し簡単に説明します。

図 6.2a を見ると、熱帯大西洋は太平洋に似て西側に暖水域が、東側に冷舌があります。こうした平均状態のもとでは、ENSO に似た年々変動が発生し、**大西洋のエルニーニョ**（Atlantic Niño）と呼ばれることもあります。しかし、ビヤクネス・フィードバックの強さは海洋の東西幅に比例するため、太平洋の「弟分」のように幅の狭い大西洋では、年々変動はさほど大きな振幅をもちません。したがって、大西洋のエルニーニョは、隣接するアフリカの降水帯などには影響がありますが、**図 6.4** のように全球的な影響は見られません。

インド洋は、低緯度の三つの海域の中で二つの特殊性があります。一つは北にユーラシア大陸があること、もう一つは太平洋の強い影響を受けて暖水域が東側に（すなわち海上の風も東向きに）形成されていることです（**図 6.2a**）。この状態ではビヤクネス・フィードバックがうまく働かず、エルニーニョのような変動は発生しません。しかし、それとは別に、インド洋の東西で逆符号の SST 偏差を伴う**インド洋ダイポール**（Indian Ocean dipole, IOD）と名付けられた変動が見つかっています。IOD は ENSO と違い、北半球の秋にピークを迎え、インドネシア周辺で SST が下がるときにはアフリカ大陸のソマリア周辺で SST が上がり、東向きの平均風が弱

図 6.6 IOD のパターン

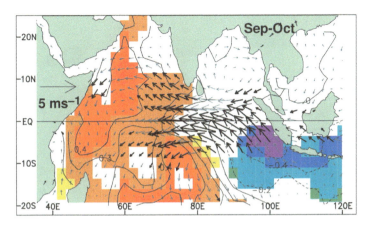

9〜11月の SST 偏差（カラー）と海上風（矢印）を示す。この状態が IOD の正位相で、スマトラ沖では SST が低く、アフリカ沿岸で SST が高い。Saji et al.（1999）より。

まるパターンを示します（**図 6.6**）。IOD は特別周期的な変動ではありませんが、東アフリカの降水や遠く離れた日本の夏の天候に影響するという指摘もあります。

　低緯度の多くの陸上には雨季があります。これは気象学的には**モンスーン（monsoon）**と呼ばれ、季節ごとの風系の逆転を伴います。モンスーンは日射の季節変化によって生じる現象ですが、年ごとの違いも大きいので、ここで年々変動の一つとして紹介します。

　インドから東南アジア、さらに日本までの広い領域で夏に雨が集中するのは、世界最大の規模を誇る**夏のアジアモンスーン（Asian summer monsoon）**のためです。アジアモンスーン地域の面積は、世界の陸地面積の 14〜15％にすぎませんが、そこに暮らす人口は世界人口の 54％を占めます。この地域は人類の一大生活圏なのです（横山ら 2012）。アジアモンスーンは、熱帯性の南〜東南アジアモンスーンと、中緯度の梅雨前線などに代表される東アジアモンスーンに分かれますが、大気循環は一繋がりです。南インド洋を発する対流圏下層の南西の気流が海から水蒸気を運んでくることで、陸上の降水活動を活発化します（**図 6.7**）。

　梅雨入りとインドのモンスーンの入りは大体同じ頃（6月初旬）ですが、

図 6.7 広域アジアモンスーン

(a)　6，7，8月の平均的な
モンスーンの流れのパターン

(b)

写真：Daniel J. Rao/Shutterstock

(a) 6～8月の大気下層の流れのようす。アジアモンスーンの雨季をもたらす源はインド洋にあり、大規模な南西気流がインドから東南アジアに水蒸気を運ぶ。日本、中国、韓国の雨季もアジアモンスーンの一部ではあるが、その性質は中緯度の前線を伴うもので、南アジアのモンスーンとは気象学的な特徴が異なる。(b) インドや東南アジアでは、モンスーンの入りの時期や降水量予測が農業や市民生活にとって非常に重要である。

きっかけはそれに先立つ春に生じます。この時期、巨大なチベット高原が日射で暖められて、そこに大規模な大気の流れが吹き込むことがアジアモンスーンの入りをもたらします。したがって、たまたま冬の積雪が多いなどの条件でユーラシア大陸がなかなか暖まらない年には、モンスーンの入りが遅れて少雨になったりします。さらに、インド洋や太平洋のSST変動に応じて、モンスーン循環がずれたり強さが変わったりすることもあります。梅雨を含むアジアモンスーン降水量の年々変動を予測することは、農業や一般生活にとって重要ですが、複数の要因で起こるためになかなかうまくいかないのが現状です。

6.3　気候の内部変動――十年規模変動

100年規模の地球温暖化と、数年規模のENSOのような気候変動の間には、十～数十年という時間スケールがあります。この時間スケールでは、太陽活動やエアロゾルのような外部放射強制に対する気候応答も現れます。

したがって、データに見られる変動現象が気候システム内部のものなのか、強制されて生じたものなのかを見分けるのは困難です。それでも、大気海洋系には十〜数十年スケールで変動する特徴的な SST のパターンがあるということがわかってきました。

大西洋数十年変動

赤道以北の大西洋では、SST 偏差がどこでも同じ符号になるような大規模な長期変動があります（**図 6.8a**）。これは、**大西洋数十年変動（Atlantic multidecadal variability, AMV）**もしくは**大西洋数十年振動（Atlantic multidecadal oscillation, AMO）**と呼ばれています。AMV の正位相は、1930〜1960 年頃と、1990 年代以降に見られ、この長期の SST 変動が

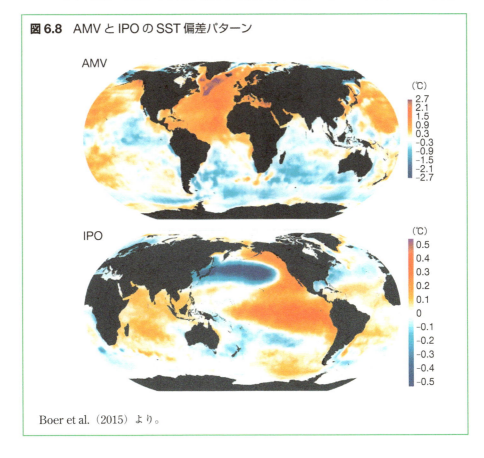

図 6.8 AMV と IPO の SST 偏差パターン

Boer et al.（2015）より。

大西洋のハリケーンの頻度を変えると言われています。

　AMVの原因は何でしょうか。北大西洋には、**大西洋子午面循環**（Atlantic meridional overturning circulation, AMOC）という海洋の深層まで及ぶ南北の熱塩循環（3.5節）が存在します。このAMOCの沈み込みの強さがときどき変化することが、AMVの原因であるという説があります。残念ながら、海洋深層循環の観測データは非常に限られているため、この説を証明することはできていません。逆に、AMVの原因は外部放射強制であるという見方もあります（6.5節）。

太平洋数十年振動

　太平洋には、**太平洋数十年振動**（Interdecadal Pacific oscillation, IPO）もしくは**太平洋十年振動**（Pacific decadal oscillation, PDO）と呼ばれる十年規模のSST変動が確認されています（**図6.8b**）。IPOのパターンは熱帯と北太平洋で逆符号になっており、全体としてENSOのパターン（**図6.2b**）に似ています。

　太平洋にはAMOCのような海洋のゆっくりした循環の沈み込みが存在しないので、IPOのメカニズムをゆっくりした海洋循環の変動で説明することはできません。実際、IPOのある部分は、ENSOの強さが長期的に変化する（これ自体はENSO自身の力学によって生じます）ことで説明できるともいわれています。原因がよくわからないながら、IPOは北太平洋のサケなどの漁獲量に影響したり、さらには全球平均気温に十年規模の変動をもたらしたりしているため、近年注目を集めています（本章コラム参照）。

6.4　気象の変動

　大気が海洋や海氷、土壌といった別のサブシステムと相互作用して生じる気候内部変動と違い、気象の変動は大気のプロセスだけで生じるもので、時間スケールはずっと短くなります（**図6.1**）。中緯度でもっとも典型的な気象変動は、日々の高気圧や低気圧ですが、これらは発達・伝播・衰退というサイクルを数日で繰り返しています。こうした**総観規模じょう乱**

（synoptic-scale disturbance）よりもゆっくり変化する大気の流れを一般に**大気長周期変動**（atmospheric low-frequency variability）と呼びますが、この大気長周期変動が1〜2週間から3か月までの天候の変動を支配しています。

同じ流体でも大気が海洋と違うのは、境界がなく、全球のすべての場所で流れが繋がっていることです。例えば、対流圏の中緯度では、どの経度でも東向きのジェット気流が吹いています。これは対地速度で時速150 kmにもなる強い流れですが（それゆえ、日本からハワイに飛ぶ飛行機は逆方向よりもずっと早く到着します）、ジェット気流はつねに真っ直ぐではなく、ゆがんで蛇行することもしばしばです。流れがゆがんでいる場所には、流れのエネルギーが溜まっていますが、これは時間とともに下流（東側）に伝わってゆき、やがて散逸して元に戻ります。このエネルギーを伝えているのは、大気中に存在する**ロスビー波**（Rossby wave）という大規模な波動です。

大気中のエネルギーの伝達には、ロスビー波の中でも節がほとんど動かない**停滞性ロスビー波**（stationary Rossby wave）と呼ばれるものが重要です。最初に停滞性ロスビー波のエネルギーが射出する場所を波源とすると、ちょうど池に石を投げ込んだ後のように、波のエネルギーが広がってゆきます（**図 6.9a**）。仮に、波源として山岳にジェット気流が衝突してできるゆがみを考えると、停滞性ロスビー波による気圧分布は**図 6.9b**のようになります。池の波紋と違って、大気の運動の場合には波が伝わる表面が球体であり、かつ波のスケールに対して地球の表面積が有限なので、完全に等方的にはなりません。さらに、停滞性ロスビー波のエネルギーは東にしか伝わらないという性質がありますので、波紋が波源の下流に広がっています。ここで面白いのは、波の水平スケールは与えた波源のスケールではなく、大気循環自身の力学によって決まっているということです。

テレコネクション

停滞性ロスビー波が伝わることで、遠く離れた地点の気圧変動が同期する現象が起きます。例えば、北米東岸を寒波が襲う時期に日本でも寒冬になるといった具合です。こうした現象は大気長周期変動に特有のもので、遠隔結合もしくは**テレコネクション**（teleconnection）と呼ばれています。

図 6.9 停滞性ロスビー波がエネルギーを伝えるようす

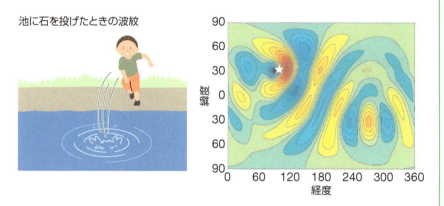

テレコネクションは、遠く離れた地域の気圧が連動して変わる現象だが、間を繋ぐのは大気中を伝わる波である。ちょうど池に石を投げた後に波紋が広がるように、波の源から高気圧・低気圧のパターンが地球全体に広がってゆく。右図は理想的な計算結果で、星印の場所にとがった山を置き、そこに西風がぶつかった後にできる気圧のパターンを示す（Held et al. 2002 より）。波源が変化しなければ、2週間程度でこのパターンは定常になる。波源として、山岳以外に降水に伴う凝結加熱が重要である。

　テレコネクションには、いくつかの現れやすいパターンがあります。その代表的なものが、ENSOに伴って赤道太平洋から北米にかけて円を描くように波列が励起される、**太平洋−北米パターン（Pacific-North American pattern, PNA）** と名付けられた変動です。PNAパターンの波源は、エルニーニョ赤道中部太平洋で降水が増える（ラニーニャ時は逆に減る）ことで生じる、凝結加熱の偏差です（**図 6.10**）。エルニーニョ時のPNAパターンは、平年状態で存在する北太平洋のアリューシャン低気圧を強めるような分布をしており、ジェット気流がアメリカ西海岸で北に蛇行します。そのため、アメリカ合衆国中西部には熱帯から湿った空気が流入して洪水が起きやすくなります（**図 6.4**）。

　北半球の大気循環には、他にもいくつかのテレコネクションパターンが見られます。そのうちで日本の冬の天候に大きな影響をもつのが、**北極振動（Arctic oscillation, AO）** と呼ばれるパターンです。AOは波型の分布をしておらず、北極域とまわりをとりまく中緯度で、気圧がシーソーのように逆向きに変動するパターンです。これはジェットの蛇行も伴います

図 6.10 ENSO テレコネクション

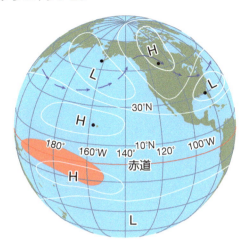

エルニーニョ時に赤道中部太平洋で降水が増える（赤色の領域）ことで、余分な凝結加熱が大気に与えられ、停滞性ロスビー波が励起されて影響が北米に及ぶ。白い線はエルニーニョ時の冬の対流圏中層の気圧偏差を示す（H は高圧、L は低圧偏差を意味する）。矢印はテレコネクションによって蛇行したジェット気流の軸を表す。Horel and Wallace（1981）より。

が、どちらかというとジェット気流の軸が南北にずれるような変動で、AO の正位相時にはジェットが日本の北で強まります（**図 6.11**）。すると、極域の寒気が流出しにくくなるため、日本や欧米で暖冬の傾向になります。AO の負位相時は逆で、極の寒気がしばしば流出してくるために、中緯度は冷たい低気圧の偏差になります。AO は「振動」と呼ばれているものの、その時間変動はランダムに近く、特定の波源があるわけでもありません。日本の 1 ヶ月先の天候予報などには、AO の位相が予測できるかどうかが非常に重要です。

その他の大規模気象変動

テレコネクションは主に中高緯度の大気循環変動をもたらしますが（例外はエルニーニョに伴って現れる南方振動）、熱帯域ではロスビー波とは別にケルビン波という東に伝わる大気波動が知られており、それらが特有の長周期変動を作り出しています。以下に代表例を二つ挙げましょう。

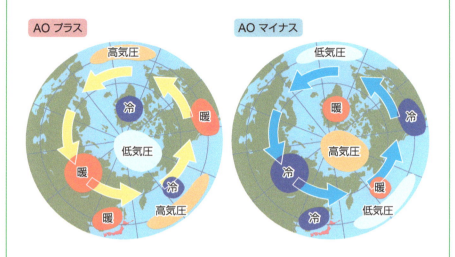

図 6.11 北極振動（AO）に伴う海面気圧と地表気温の偏差分布

AO が正位相（プラス）のとき、北極域に寒気が溜まるとともに高緯度の西風が強くなり、中緯度は高気圧に覆われて温暖になる。AO の負位相（マイナス）では逆で、極域の寒気が中緯度に流出しやすくなり、中緯度が寒冷になる。山崎（2004）より。

一つは、発見者の名前をとって**マデン-ジュリアン振動（Madden-Julian oscillation, MJO）**と呼ばれる、対流圏の降水活動と大規模な循環が連動して東へ伝わってゆく変動です。MJO はおよそ 30〜60 日の周期で地球を一周し、その間に熱帯の各地で多雨の状態と乾いた状態を交互にもたらします。MJO に伴う対流活動がインド洋から西太平洋で活発化すると、日本の天候にも影響があります。もう一つは、成層圏の風が約 26 ヶ月周期で交互に東向きと西向きを繰り返す、**準二年周期振動（Quasi-biennial oscillation, QBO）**と呼ばれる不思議な変動です。QBO にはロスビー波、ケルビン波だけでなく他の大気波動も関与して周期性を作り出しています。

6.5 気候変動には謎がいっぱい

ここまで読んでくださった方はおわかりと思いますが、「地球温暖化につ

いてはわかっていないことが多いけれど、自然の気候変動ならばわかっているだろう」というのは間違いです。むしろ、自然の変動のメカニズムについては、より多くの謎が残されているとさえ言えます。

ENSO の謎

ENSO は気候の内部変動で最もよく理解できている現象です。それでも、過去の歴史の中でつねに ENSO が存在したのか、将来温暖化した気候で ENSO がどうなるか、などはよくわかっていません。前者については、木の年輪や氷床コアなどの気候の**代替指標**（**proxy, プロキシ**）を用いた過去の気候復元が盛んにおこなわれています。しかし、プロキシデータは年々変動を解像するほど細かくないことが多く、過去の ENSO の復元は簡単ではありません。

最近の研究から得られた結果を一つ紹介しましょう。図 6.12 は、ガラパゴス諸島で採取したサンゴ骨格の分析から、過去 7000 年間の赤道太平洋の SST 変動を復元したものです。少なくとも 7000 年間で ENSO がなくなった時期はなさそうですが、面白いことに、20 世紀の ENSO の強さは、過去 7000 年の間で最大だったことが推定されています。すなわち、20 世紀後半に 3 度起きていたスーパーエルニーニョ（図 6.3）は、かなり珍しい現象だったらしいのです。

過去の ENSO の復元結果を見ると、いかにも温暖化でエルニーニョが強まっていると解釈したくなります。それを敷衍すると、将来温暖化がさらに進んだ気候ではスーパーエルニーニョが頻発するのか、と思われるかもしれません。しかし、気候モデルのシミュレーションからは、温暖化すると ENSO が強くなるという結果は得られていません。というか、ENSO の強さを制御するプロセスが複数あるため、温暖化で太平洋の平均状態が変わったときに ENSO がどうなるかは、不確実性が大きい（強くなる可能性と弱くなる可能性が半々）といった方がよいでしょう。図 6.4–6.5 で見たように、エルニーニョが世界各地の天候へ及ぼす影響は大きいので、将来の ENSO がどうなるかは大きな問題です。そこで、世界中の ENSO 研究者が精力的に研究を行っているところです。

図6.12 過去7000年間のENSOの強さ

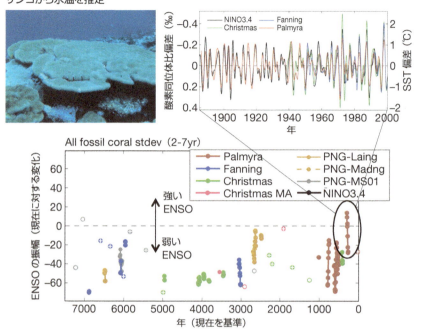

サンゴの殻に含まれるカルシウムとストロンチウムの比から、過去の水温変動を推定できる。ガラパゴス諸島の3地点で採取した水温プロキシデータは、最近100年の測器のデータと対応がよい。このデータで過去7000年のENSOの強さを復元すると、20世紀のENSOが最も強かったことが推定される。写真は東京大学横山祐典教授提供、図はCobb et al. (2013) による。

十年規模気候変動

　十年規模気候変動については、ENSOよりもわからない点がさらに多く残されています。6.3節で紹介したIPOやAMVが気候の内部変動であるという根拠は、外部放射強制を一定値に固定した気候モデルの長期シミュレーションの中によく似た変動が現れるという事実です。しかし、そうしたIPOやAMV「もどき」のSST偏差パターンは観測されたものとは微妙に違い、また個々の気候モデルには誤差があるためにモデル間でも少しずつ異なっています。

問題を難しくしているのが、「内部変動は位相のタイミングが自発的に決まるので、モデルのシミュレーションでは時間変動が合わなくても仕方がない」というロジックです。これ自体は正しいのですが、観測されたIPOやAMVの時間変動の様子をモデルで再現することができず、したがって要因の分析ができません。ただし、逆に言えば、観測された変動の位相がモデルで再現できたら、それは変動のメカニズムを解き明かす大きな手掛かりになるということです。

　近年、そうした意味で注目されているのが、AMVが実はエアロゾルによって強制されて生じていたのではないか、という説です。大気中のエアロゾルにはいろいろな種類がありますが、火山噴火や工業活動で大気中に放出される硫酸塩エアロゾルには太陽放射を反射する作用があります（4.2節）。例えば、20世紀最大と言われるフィリピンのピナツボ火山が1991年に噴火した後、数年は全球的にやや低温の傾向が観測されています。1960〜1990年代前半にかけては、他にもアグンやエルチチョンといった大きな火山噴火があり、また欧米の工業活動が盛んで人為起源の硫酸塩エアロゾルも多く排出されていました（**図 6.13a**）。これが、AMVの負位相の時期とよく一致しており、GHGやエアロゾルの排出変化をすべて与えた気候モデルでは、過去80年のAMVの時間変化を比較的よく再現しています。ところが、硫酸塩エアロゾルだけ濃度を一定にしてシミュレーションをやり直すと、AMVの位相変化が合わなくなり、振幅も随分小さくなってしまいます（**図 6.13b**）。この「エアロゾルAMV駆動説」は複数の気候モデルで同じような結果が得られており、信憑性もあるのですが、まだ内部変動説も強く、どちらが正しいかは議論の最中です。

図 6.13 エアロゾルと AMV

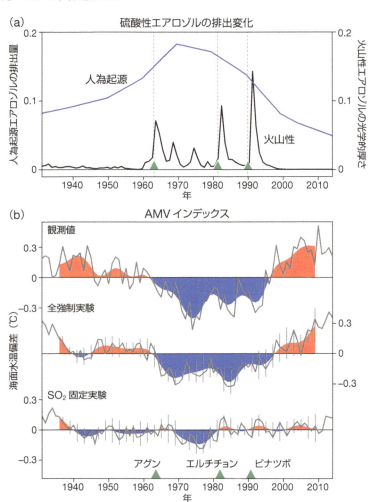

火山噴火や工業活動で排出される硫酸塩エアロゾルは、地表を冷やす効果をもつ。(a) 20世紀中盤の大きな噴火(▲で表示)と、欧米からのエアロゾル排出増の期間は、AMVが負で大西洋全体のSSTが低かったことと符合する。(b) 気候モデルのシミュレーションでは、過去80年間のAMVインデックスが比較的よく再現できる(「全強制実験」)。しかし、硫酸塩エアロゾルの濃度を一定にすると、AMVの時間変化が観測値と合わなくなる(「SO_2固定実験」)。この結果は、過去のAMVの位相がエアロゾルの放射強制で決まっていたことを意味しているかもしれない。

> **column**　地球温暖化の「停滞」

　第4章で見たように、20世紀後半から現在に至るまで、大気中のGHG濃度は上昇を続けています。全球平均気温も対応して上昇していますが、気温の変化をよく見ると、上昇が目立つ時期とそうでない時期があることがわかります（**図1.4、図6.14a**）。特に、2000年代に入ってから2013年頃まで、全球気温の上昇率が10年あたり0.03〜0.05℃と横ばいになっていることが、2010年頃から指摘され始めました。その結果、「温暖化が止まったのではないか？」という疑問が科学雑誌だけでなく、一般メディア上でも取り上げられるようになりました。この現象は、今では**温暖化の停滞**もしくは**温暖化のハイエイタス**（global warming hiatus）と呼ばれ

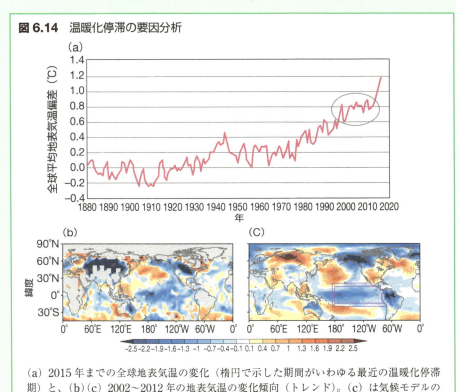

図6.14　温暖化停滞の要因分析

（a）2015年までの全球地表気温の変化（楕円で示した期間がいわゆる最近の温暖化停滞期）と、（b）（c）2002〜2012年の地表気温の変化傾向（トレンド）。（c）は気候モデルのシミュレーションで、赤道太平洋域（図中の四角形の領域）の海面水温を観測値に近づけた再現実験の結果。（a）はWMO（2015）、（b）（c）はKosaka and Xie（2013）より。

ています（ハイエイタスというのは英語で「休止、中断」などを意味します）。

　当初、気候科学者はハイエイタスを自然のゆらぎと考えてあまり重視していませんでした。ところが、温暖化懐疑論者がこれを根拠にいわゆるIPCC的な温暖化の議論を否定し始めるに及び、本格的にその原因究明を始めました。

　温暖化のエビデンスである諸量（大気上端の放射収支や海洋貯熱量の変化など）を調べた結果、実際に温暖化が止まったわけではないことは早々にわかってきました。しかし、地表気温の上昇が小さい原因が何なのかをつきとめるには、多くの研究が必要でした。例えば、21世紀に入って太陽活動が少し弱まっていることや、小規模な火山噴火があったことを原因とする説もありましたが、それらの自然要因ではハイエイタスのわずかな部分しか説明ができませんでした。

　現在では、気候の内部変動が温暖化の傾向を打ち消す方向に（たまたま）働いていたため、地表気温が上昇していなかった、という説が最も有力です。特に、6.3節で述べた太平洋数十年振動（IPO）が負の位相にあり、熱帯太平洋の海面水温が少し下がっていたことが重要であると考えられます。その根拠として、熱帯東部太平洋の海面水温を観測値に近づけながら気候モデルの長期シミュレーションを行うと、ハイエイタス時の地表気温の傾向がよく再現されることが挙げられます（図6.14b, c）。さらに、このIPOは1980～1990年代には逆の正位相を示しており、これが20世紀後半の急激な温暖化を手助けしていたこともわかってきました。結局、この温暖化「停滞」の問題によって、従来の地球温暖化の議論が否定されることはありませんでした。一方で、気候の内部変動の影響は（10年程度の期間では）これまで考えていた以上に大きいという教訓が得られたわけです。

　IPOは10年以上の時間スケールで不規則に正負の位相反転をしますが、ちょうど2014年頃から再び正位相に入り始めたようです。そして、2014～2016年は全球平均気温が高くなり、記録を更新しました（図6.14a）。この温暖化の「再加速」には2015年のエルニーニョの影響もありますが、おそらく2010年代後半には、20世紀終盤のように温暖化が顕著に進むのではないかと推測されています。

第7章 地球温暖化で異常気象が増えるか？

7.1 異常気象は本当に「異常」か？

　最近では、猛暑や豪雨が起こると、「観測したことのない」「過去に例のない」といった形容詞つきで報道されるのを目にするようになりました。一般の方がインタビューに「○○年住んでいるがこんな災害は初めてだ」などと答えていることもあります。確かに、身近に感じられる気象現象が変わってきているという実感をお持ちの方もいると思いますし、第4章で見たように日本の異常高温や強い雨の頻度は増えているのも事実です。これらは地球温暖化のせいでしょうか？

　温暖化が進むと異常気象のあらわれ方が変わってくることは、我々科学者もある程度確信をもっています。しかし、じつはそのことと、巷でよく言われる「最近の異常気象は温暖化のせいだろう」という印象は同じではありません（本章コラム参照）。では、温暖化と異常気象の関係はどこまでわかっているのでしょうか。

　異常気象というのは、ゲリラ豪雨と同じくメディアによる造語です。気象学的には、**異常天候**（abnormal weather）や**極端気象現象**（extreme weather event）などと呼びます（なじみがあるので、本書では「異常気象」という呼び方をします）。この用語は、「（同じ地点で）30年に一度程度しか観測されない気象状態」と定義されています。しかし、異常気象が世界のすべての場所で同時に起こるわけではないので、「30年に一度」とは言っても毎年地球上のどこかで異常気象が起こっています（**図7.1**）。また、異常気象の時間スケールは局地的な豪雨では数時間ですが、日本列島を覆う猛暑などであれば大気長周期変動（6.4節）が関与して1〜2週間程

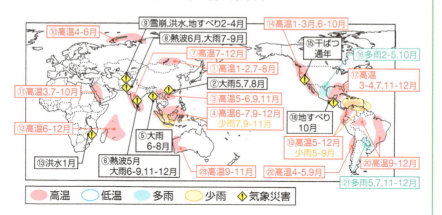

図7.1　2015年の主な異常気象・気象災害の分布図

2015年に発生した異常気象や気象災害のうち、規模や被害が比較的大きかったものについてまとめた。「高温」「低温」「多雨」「少雨」は月平均気温や月降水量での異常気象を示し、そのほかは気象災害を示す。気象庁（2015b）より。

度持続することもあります。

　最近日本で観測された異常気象の例として、2013年の夏の猛暑を紹介します。6〜8月平均の気温偏差は、西日本で＋1.3℃を記録しました。これは統計を開始した1946年以降で最も高い値です。特に8月上旬には、全国の1/3の地点で猛暑日を観測し、8月12日には高知県四万十市で日本の気象観測史上最高となる41℃という高温を記録しました（**図7.2a, b**）。

　このときのアジア域の大気の様子を、**図7.2c**の模式図に示しました。この図で見るように、対流圏上層にあるユーラシア大陸上のチベット高気圧が東へ張り出すとともに、地表付近の太平洋高気圧が南西へ伸びて、上下ともに高気圧が重なることで、西日本が高温の空気に覆われていたことがわかっています。上層高気圧の変動にはジェット気流の蛇行が、下層高気圧の変動にはフィリピン付近の活発な対流活動が関わっていました。

　日本では、異常気象が起こるたびに気象庁と大学研究機関の専門家が集まって迅速に要因を分析する体制ができています。**図7.2**もそうした分析の結果です。しかし、これは猛暑が「どのように起こったか」を説明するものではあっても、「なぜ（このときに）起こったか」を説明するものではありません。気象の変動というのは、究極的な原因を明らかにすることが

図 7.2 2013 年 7〜8 月の異常気象の例

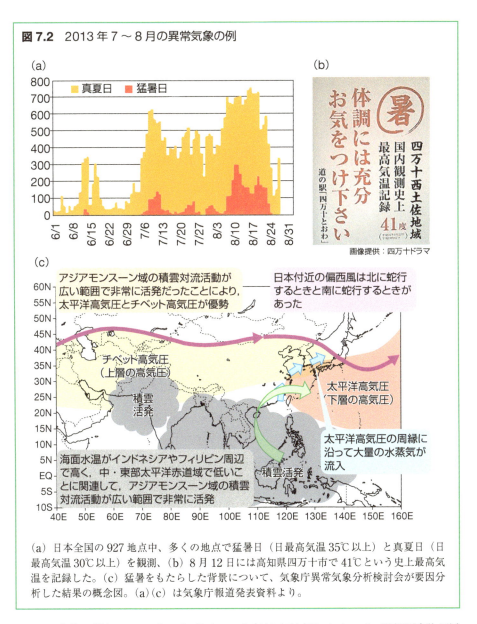

(a) 日本全国の 927 地点中、多くの地点で猛暑日（日最高気温 35℃以上）と真夏日（日最高気温 30℃以上）を観測、(b) 8 月 12 日には高知県四万十市で 41℃という史上最高気温を記録した。(c) 猛暑をもたらした背景について、気象庁異常気象分析検討会が要因分析した結果の概念図。(a)(c) は気象庁報道発表資料より。

非常に難しいのです。なぜジェット気流が蛇行したか、なぜ対流活動が活発だったか、など疑問の連鎖がなかなか終わりません。

誰かが、「2013 年の猛暑は温暖化のせいか？」と尋ねたら、科学者はど

う答えるでしょうか？　私なら、「基本的には違う」とまず答えます。「基本的には」に隠されたニュアンスが何なのかは先を読んでいただくとして、その根拠は、2013年の前後では、同様の気圧配置のもとでも猛暑が起きていないことです。地球温暖化は100年規模でゆっくり、かつ一方的に進む気候の変化です。したがって、年ごとに違う状況になる気象の変動は温暖化とは違う理由で生じていると言えます。

　では異常気象の第一の要因は何かというと、6.4節で解説したようなさまざまな大気の内部変動です。これらのうちには、より長期のエルニーニョのような気候変動で起こりやすくなるものもありますが、多くは大気自身のもつカオス的な性質（よく「北京で蝶がはばたけば、数日後にニューヨークで嵐が起きる」といった例えが使われます）によるもので、ある時点でのちょっとした大気循環の乱れが、連鎖的に成長・伝播してゆくことで発生します（詳しくは木本2017を参照）。これは温暖化があろうがなかろうが変わらないことですから、19世紀や20世紀前半に生きた人たちも何らかの異常気象を経験していたはずです。

7.2 異常気象は確率分布で測る

気温の変動

　温暖化のような長期間の気候変化と異常気象の関係を理解するためには、個々の異常気象「イベント」ではなく、気象変動全体を一つのグループとして見る視点が必要です。例として、**図7.3**に東京の過去約100年分の7月の気温を示します。平均値25.5℃のまわりで暑かったり涼しかったり、年ごとの変動をしていることがわかります。この変動をグループとして見るには、データを頻度分布のような形に直して**確率密度関数（probability density function, PDF）**を求める必要があります（**図7.3**右のカーブ）。過去の気温変動のうち、とびぬけて気温が高い年（全体の5%）を猛暑、低い年を冷夏とすると、これらの異常気象はPDFの端のわずかな場所に相当します。

　株価でも出生率でも、ある程度のサンプルが得られればPDFを計算す

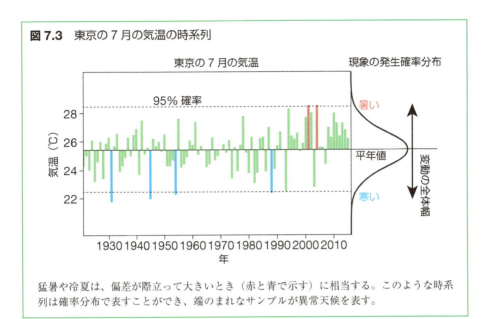

図7.3 東京の7月の気温の時系列

猛暑や冷夏は、偏差が際立って大きいとき（赤と青で示す）に相当する。このような時系列は確率分布で表すことができ、端のまれなサンプルが異常天候を表す。

ることができ、その形がデータの性質を特徴づけてくれます。気温の場合、どの地点でとったデータでも、おおよそ**図7.3**のように平均値のまわりになだらかに分布するつりがね型のPDFになります。これは、統計学の**正規分布**（normal distribution）でよく近似され、データの標準偏差が全体の68%の、標準偏差の2倍が95%の範囲を示します。正規分布とは個々のサンプルが独立である場合に成立する確率分布で、平均値と分散（標準偏差の二乗）で形状が決まります。気温の変動が正規分布に近いということは、年ごとの偏差が互いに関連していないことの示唆でもあります。

温暖化によって、気温のPDFの平均値は正の方向へずれてゆくと想像できます。このとき、もしPDFの分散が変わらなければ（すなわち変動幅が同じならば）、**図7.4a**のように、平均がずれた分だけ（変化する前の基準で考えれば）異常高温が増え、異常低温が減ることになります。一方、別の例として、平均は変化しないが分散が大きくなるとどうなるかを示したのが**図7.4b**です。この場合は、異常高温と異常低温のイベントが同じ確率で増えます。これらの2パターンがともに起こったとすると（すなわち、温暖化で平均がずれるとともに変動幅が大きくなる）、**図7.4c**のように異常高温イベントが**図7.4a**に比べてさらに増える結果になります。

図 7.4 温暖化時に異常気象（熱波、寒波）の起こりやすさがどう変わり得るかを気温の PDF で表したもの

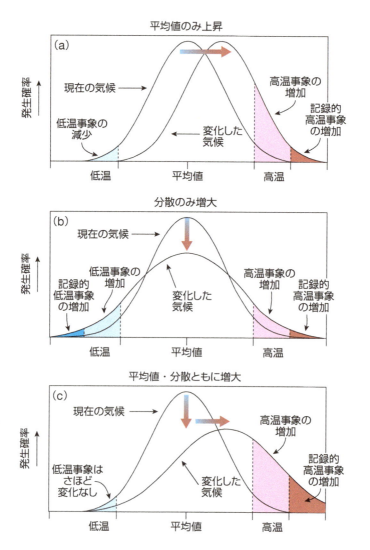

（a）PDF の分散が変わらず、平均気温のみが上昇する場合（寒波が減り、熱波が増える）、（b）PDF の平均が変わらず、分散のみが増大する場合（寒波も熱波も増える）、（c）PDF の平均と分散がともに増大する場合（寒波が減り、熱波は（a）よりもさらに増える）。IPCC（2001）より。

ある地域の気温変動が**図7.4**のどのパターンになるかは、平均気温の変化量と変動の性質が変化するかどうかで決まるので、一概には言えません。従来は、気象変動そのものは温暖化によって性質を変えることはないと思われていたため、**図7.4a**のようなPDFの変化が起きると考えられていました。しかし、最近の観測データを使った解析では、20世紀後半から今世紀はじめにかけて北半球気温変動が大きくなっており、**図7.4c**のようにPDFが変化してきているという結果も得られています（**図7.5**）。

降水量の変動

気温と違い、降水量の確率分布は多くの場合、歪むことが知られています。年降水量くらいになれば、個々のサンプルの独立性が高くなるため正規分布に近づきますが、月降水量だと右側（すなわち多雨）に長く伸びた**ガンマ分布**（Gamma distribution）のようなPDFになります（**図7.6**）。日降水量だと、さらに左右対称から遠ざかり、指数分布と呼ばれるPDF

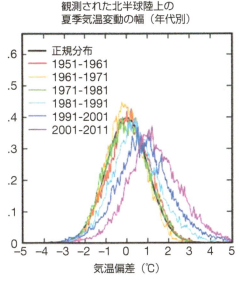

図7.5 北半球陸上の各地点で測った夏の気温変動の幅を、1950年代以降10年ごとに示したもの

黒線は正規分布を表す。Hansen et al.（2012）より。

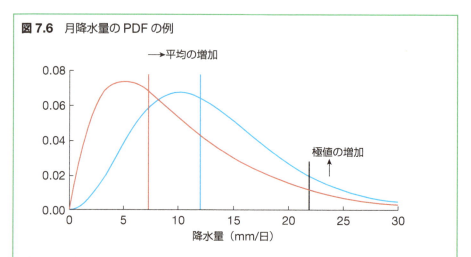

図 7.6 月降水量の PDF の例

気温や風速と違い、降る・降らないという非対称性のある降水量は、正規分布ではなくガンマ分布に似た PDF を示す。そのため、平均の降水量が増えるときには極端な降水現象も同時に増えることになる。

で近似されます。これら歪みのある確率分布では、平均値と分散が独立でなくなり、ガンマ分布であれば平均が Δx だけ増えたときに分散は $(\Delta x)^2$ 増えるという性質があります。これを温暖化時の雨の変化にあてはめるとどうなるでしょうか。

本来、平均値は個々の降水イベントの結果として決まるものですが、気候システムには第 2 章で見たように全体に対するエネルギーの制約があります。全球平均の降水については、第 4 章で解説した通り、温暖化で 1℃ 気温が上昇すれば 2〜3% の割合で増えることがエネルギーの制約から決まります。どの地域でも同じ割合で増えるわけではありませんが、仮にこうした制約条件のもとで、ある地域の平均降水量が増えるとしましょう。このとき、もともとの PDF に従って、大雨になる極値の頻度も増す一方、弱い雨の頻度は逆に減ることがわかります（**図 7.6**）。こうした推測が実際の気候モデルの将来予測シミュレーションでどの程度表れているかは、7.3 節で見ることにしましょう。

7.3 温暖化と異常気温・異常降雨

グローバルな異常気象の変化

　気温でも降水量でも、PDF の例からわかることは、平均値が大きくずれた方が異常気象の頻度変化がはっきり見えてくる、ということです。したがって、温暖化が 1℃ 未満の 20 世紀後半よりも、第 5 章で紹介した今世紀終わり頃の方が、温暖化で異常気象がどう変わるかについて、より確かな情報が得られます。

　図 7.7 と**図 7.8** は、RCP8.5 シナリオ（最も GHG の排出が増加するケース）で行った多数の GCM によるシミュレーションから、異常高温および異常降雨の変化についてまとめたものです。対象としている 2081〜2100 年は、このシナリオでは、全球平均気温が基準である 1981〜2000 年に比べて 3〜4℃ 上昇しています。

　まず、年間日最高気温は全球的に高くなります。地域によって 4〜8℃ とばらつきがありますが、下がる場所はほぼありません（**図 7.7a**）。熱帯夜の日数は、低緯度を中心に大きく増え、アフリカや南米、オーストラリア北部では 1 年のうち約 10 日が新たに熱帯夜になってしまうと推測されます（**図 7.7b**）。高緯度で熱帯夜があまり増えないのは、気温が上昇しても熱帯夜の基準（夜間最低気温が 25℃ 以上）に届かないせいです。気温だけとれば、極地方の寒さがやわらいで過ごしやすくなります（もちろん、融雪の増加による水災害など、付随する悪影響が大きければ喜んでいられません）。

　降水量についてはどうでしょうか。5 日間降水量の年間最大値を指標にすると、今世紀末の時点で陸上のほとんどの地点で増加し、亜熱帯の乾燥地帯を除けば、将来変化の 20 世紀後半の値に対する割合は 20% を越えます（**図 7.8a**）。これは、一度雨がふるときには「どかっと」降りやすくなることを意味しますが、その分、降らないときは全く降らないという状況も伴います。特に、アフリカ大陸北部やオーストラリアなどの砂漠地帯では、雨の降らない日が 20 日以上増えると予測されます（**図 7.8b**）。簡単に言えば、雨の降り方により強いメリハリがつくようになる、ということ

図7.7 気候モデルの将来シナリオ実験（RCP8.5）から推定される2081〜2100年の（a）年間日最高気温の変化と、（b）熱帯夜日数の変化

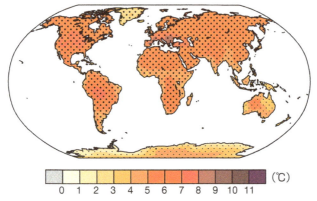

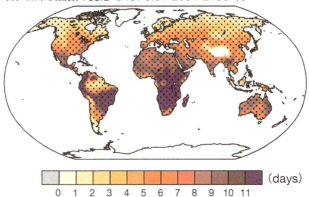

基準は1981〜2000年で、95%の信頼水準で有意な地点を点描で示す。IPCC（2013）より。

です。第5章で述べた、「雨の降るところではもっと降る」の時間変動バージョンと考えることができます。

図7.6から推測される、平均降水量の増加が降水量変動幅の増大に比例するという関係は、気候モデルの温暖化シミュレーションでも本当に見られるでしょうか。図7.9は、気候モデルによる将来予測（20世紀と21世紀の各60年の差）を、平均降水量と降水量の年々変動について比較した

図 7.8　図 7.7 と同じ気候モデルのシミュレーションから推定される 2081 ～ 2100 年の（a）年間最高 5 日間降水量の変化と、（b）連続無降水日数の変化

(a) 年間最高 5 日間降水量の変化（RCP8.5、2081-2100 年）

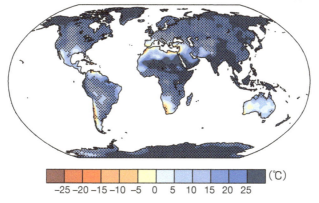

(b) 干ばつ日数の変化（RCP8.5、2081-2100 年）

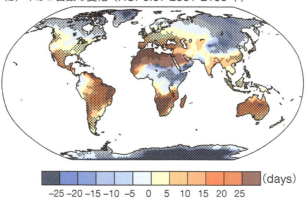

IPCC（2013）より。

ものです。熱帯域では概ね降水量は増えますが、特に赤道太平洋で顕著です（**図 7.9a, b**）。6.5 節で述べたように、温暖化したときに気候モデル内部で ENSO が強くなるわけでは必ずしもありません。つまり、これは現在と将来で ENSO の強さが変わらなくても、それに対する対流活動の応答が強くなることを示しています。

20 世紀と 21 世紀の月降水量データから PDF を計算すると、確かに**図**

図 7.9 降水量の平均と変動幅の将来変化

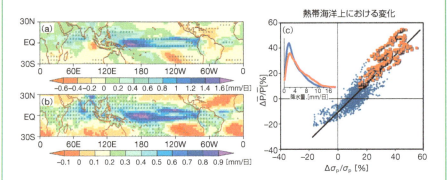

気候モデルの 20 世紀再現実験と将来シナリオ実験（RCP4.5）から推定される、1941～2000 年と 2031～2090 年の差を（a）平均降水量、（b）月降水量の標準偏差について求めたもの。（c）は両者の間の散布図（熱帯海洋上のみ）。赤色で示した点は赤道域太平洋の値。図中に月降水量の PDF（20 世紀：青、21 世紀：赤）の図を挿入してある。Watanabe et al.（2014）より。

7.6 のように将来気候における PDF が右へ広がっていることがわかります（**図 7.9c**）。実際、平均降水量と降水量の変動幅には非常によい対応関係がありますので、将来はエルニーニョ時により極端な多雨が赤道太平洋で観測されるということが言えそうです。これによる ENSO のテレコネクション（6.4 節）が強くなるとは限りませんが、太平洋の島々には大きな影響があるかもしれません。

日本の異常気象の変化

日本では、異常気象の頻度は温暖化とともにどのように変わるでしょうか。これまで見てきたような全球での分布は、すべて全球気候モデル（GCM）によるシミュレーションの結果です。第 4 章のコラムで説明しましたが、全球をカバーするモデルでは計算機能力の都合上、一つの格子サイズは粗くなります（通常 100 km、最も細かくても 20 km）。これでは、日本のような小さな地域スケールの気象がうまく表現できません。

そこで、全球モデルの一部領域を解像度の高い気象モデルで計算し直す、**力学的ダウンスケーリング**（dynamical downscaling）という手法がとられます。細かく計算しても、もとになる全球モデルの大規模な変化が

図 7.10 温暖化予測のダウンスケーリング

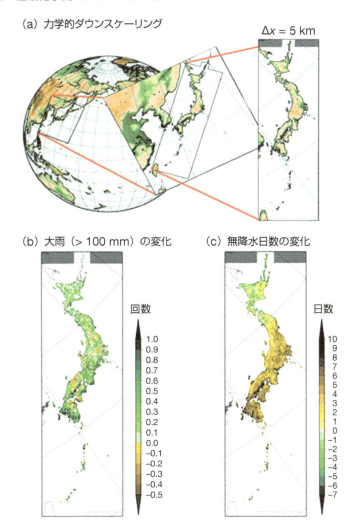

(a) 全球の温暖化シミュレーションから、地域の気候変化予測情報をより高精度で計算するための力学的ダウンスケーリング手法。(b)(c) 力学的ダウンスケーリングから得られる、日降水量 100 mm 以上の大雨の回数および雨の降らない日数の将来変化。(a) 全球のモデルは格子が 20 km、日本域の詳細な気象モデルは 5 km と 16 倍の解像度をもつ。(b)(c) 20 世紀後半（1989～1999 年）と 21 世紀後半（2075～2095 年）の差。気象庁（2013）より。

正しくなければ意味がない、という問題はあります。それでも、日本列島のように狭い面積の中に起伏に富む地形をもつ地域では、地形を細かく表現することで見えてくる変化も多くあります（**図 7.10a**）。こうした力学的ダウンスケーリングは、気象庁が数年おきに実施し、その結果を「地球温暖化予測情報」として公表していますので、興味のある方は読んでみてください（http://www.data.jma.go.jp/cpdinfo/GWP/）。

　地球温暖化予測情報から、21 世紀後半に生じると推測される日本の雨の変化についてみてみましょう。**図 7.10b, c** に、大雨（日降水量が 100 mm 以上）の頻度と雨の降らない無降水の日数がどう変化するかを示しました。どちらの量も、西日本から関東地方にかけて増加するようすがはっきりわかります。第 4 章で解説したように、20 世紀に既に同様の特徴が少し見えていましたが、温暖化が進むと、こうした大雨の増加とともに雨の降らない日が増えるといったコントラストが、より顕著になってゆくでしょう。こうした変化は、主に梅雨期の雨と次に述べる台風に伴う雨によるものですので、北日本ではあまり見られません。

異常気象を議論する際の注意点

　温暖化によって異常気象の頻度が変わるということはおおよそおわかりいただけたと思いますが、正しい理解のためには一つ注意が必要です。ここで示した結果は、どれもある年のものではなく、将来の 20 年（あるいはもっと長期間）を 20 世紀の同じ期間と統計的に比較したものです。これはもちろん、将来も自然の年々変動があるので、ある 1 年間だけを見ても温暖化のせいで変化している、と言えないためです。今のところ、温暖化による異常気象の増加はこうした長期間の「傾向」として議論することがほとんどです。同様のことが、最近起きた異常気象についても言えます。「最近の異常気象は温暖化のせいだろう」という一般の印象を科学者が簡単に「イエス」と答えられない理由がここにあります。

7.4　温暖化と台風

　一般に異常気象というと、猛暑や大雨ばかりではないでしょう。「異常気

象とは社会に大きな被害をもたらす気象災害だ」と捉えた結果、台風も異常気象だと思われている方も多いのではないでしょうか。過去10年ほどで記憶に残るものだけでも、

- 2004年8月の台風18号——本州を縦断し、北海道で温帯低気圧になる前に勢力が強まった。北海道大学のポプラ並木が倒壊。
- 2013年11月の台風30号——フィリピン・レイテ島に上陸、死者6201名、フィリピンの総人口の1割に当たる約967万人が被災した、と政府が発表。
- 2016年8月の台風10号——通常では見られないコースをとり、気象庁の統計開始以降では初めて東北地方に上陸した。死者22名、床下浸水1341棟など、台風に備えのない岩手などで大きな被害。

と、いくつも例を挙げることができます。しかし、台風はそもそも異常気象でしょうか？

台風は、気象学的には**熱帯低気圧**（tropical cyclone, TC）と呼ばれる現象です。気象庁の定義では、「北西太平洋または南シナ海に存在し、なおかつ低気圧域内の最大風速が約17 m/s以上のもの」を台風としてナンバーをつけます。一方、国際基準の「タイフーン」(typhoon) は、より強い33 m/s以上のTCと定義されています。これは、大西洋ではハリケーン、インド洋や南太平洋ではサイクロンと呼ばれますが、すべて現象としては同じです（ここではわかりやすく台風と呼びます）。

台風は、熱帯の暖かい海面から供給された水蒸気が、低気圧の上空で凝結して放出する熱をエネルギーとして発達したものです。発達するにつれて赤道から極に移動し、亜熱帯のまわりをまわって海面水温の低い中緯度にやってくると徐々に衰退します。台風の強さは、風速を基準として5つのカテゴリーに分けられますが、カテゴリー4や5のものは最大風速が時速200 km以上にもなる猛烈な台風で、最近では「スーパー台風」と呼ばれたりします。2005年にニューオーリンズ付近に上陸したハリケーン「カトリーナ」はカテゴリー5で、米国南部に死者1800名以上の甚大な被害を出し、その後も原油価格や穀物価格の高騰が続くなど、経済にも大きな影響をもたらしました（**図7.11**）。

台風自体は、温暖化と関係なくほぼ毎年発生します。例えば、1959年の伊勢湾台風は、まだ温暖化が明らかになる前の時代でしたが、約5000名

図 7.11　2005 年 8 月に米国南部を襲ったハリケーン「カトリーナ」

NOAA 提供。

にものぼる死者を出した、今でいうスーパー台風です。しかし、他の異常気象と同じく、「温暖化したら台風が増えたり強くなったりするのでは？」といった疑問は当然あり得ます。

温暖化で台風はどう変わるか？

　熱帯低気圧は、赤道からやや離れたほとんどの海洋上で見られますが、北西太平洋で最も多く（毎年約 27 個）、次いで北西大西洋で多く（11 個）観測されています（図 7.12a）。「毎年 27 個も台風が発生するなんて、多すぎて実感に合わない」と思われるかもしれませんが、その数や強さ、経路は年ごとに違っており、50 年程度の長さのデータからその長期的な変化を特定するのは困難です。さらに、台風は温帯低気圧などよりも空間スケールが小さい渦で（温帯低気圧は約 3000 km、台風は約 500 km）、温暖化の予測シミュレーションを行っている気候モデル（格子の幅が 100 km 程度）では正しい強さ・構造の台風を計算できません。モデルの格子幅を数分の一にした高解像度モデルならば観測される台風の統計を再現できます（図 7.12b）が、格子が細かい分だけ計算量も多く、温暖化予測のように長期

図 7.12 1979〜2003 年の期間のすべての熱帯低気圧の発生数と経路を示す図

(a) 観測された熱帯低気圧（1979-2003）

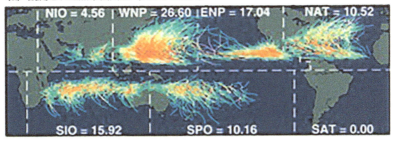

(b) 気候モデル内の熱帯低気圧（1979-2003）

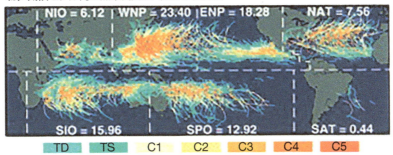

(a) 観測値、(b) 高解像度の全球大気モデルによるシミュレーション。熱帯低気圧は北西太平洋で最も多く、毎年およそ 27 個発生する。Murakami et al. (2012a) より。

間のシミュレーションを行うのは困難です。

　上記の理由により、温暖化が台風をどう変えるかという疑問に確かな答えを出すのはもう少し先になりそうです。とは言え、最近では計算機がパワーアップして、世界の先進研究機関で高解像度の気候シミュレーションがいくつか行われています。それらの結果をまとめると、

- 熱帯循環が弱まる（第 5 章）ことにより、上向きの質量フラックスも弱くなり、全球で見れば熱帯低気圧の数は 6〜34％減るだろう
- 海面水温の上昇や大気の湿潤化による凝結熱の増加の効果で、台風は 2〜11％強くなるだろう

といったことが現時点の結論として言えます（Knutson et al. 2010）。どちらも幅がある数字ですが、これは今後さらに狭まると期待されます。

熱帯低気圧の数の減少を、日本の高解像度モデルの計算結果で見ると、実は北西太平洋で最も大きいことがわかります（**図7.13a**）。では将来は台風の心配が減るのかというと、一方では台風の強さが増すという予測結果がありますから、そうではありません。数が減るのに強くなる、という一見するとよくわからない結果は、カテゴリー別に見たときに弱い（カテゴリー1～3）台風が少なくなる代わりに、強い（カテゴリー4～5）台風が増えるということです（**図7.13b**）。したがって、これからは「たまに

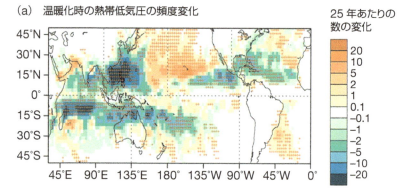

図7.13 温暖化時に熱帯低気圧がどう変わるかを推定したモデルシミュレーションの結果

(a) 温暖化時の熱帯低気圧の頻度変化

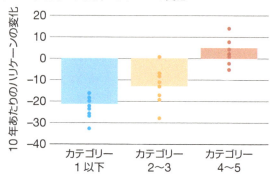

(b) 21世紀末の大西洋ハリケーンの変化

(a) 25年間のデータで数がどう変わるかを示すもの、(b) 大西洋域のハリケーンについて、カテゴリーごとに頻度の変化を求めたもの。Murakami et al.（2012b）と Knutson et al.（2013）による。

しか来ないけれど来たら要注意の猛烈な台風」に社会として備えなければいければいけないという難しい選択を迫られることになります。

米国では、バラク・オバマ大統領（当時）の選挙期間中（2012年10月）にハリケーン「サンディ」が東海岸に上陸して大きな被害をもたらしました。これがその後の米国の気候行動計画（The President's climate action plan）に反映されています（既におわかりと思いますが、サンディの発生自体が温暖化のせいというわけではなく、行動のきっかけとなったわけです）。日本でも、2015年には「気候変動の影響への適応計画」が閣議決定され、環境省や国土交通省で、将来の強い台風の増加に対する対応が始まっています。こうした温暖化への適応については、次章で見ることにしましょう。

column　イベント・アトリビューション

最近は、異常気象によるびっくりするような写真がインターネット上に出回っています。例えば、2015年5月下旬にインド北部を45℃の熱波が襲い、ニューデリーの路上では道路のペイントが溶けてしまいました（図7.14）。このような画像を見ると、「温暖化による熱波の危険が急増！」といったコピーをメディアがつけたくなる気持ちもわからないではありません。

7.3節で紹介した気候モデルの温暖化予測シミュレーションによれば、今世紀後半には世界の多くの地域で猛暑の頻度は高まります。一方、7.1節で強調したように、個々の異常気象「イベント」の原因は本来的には気象の内部変動です。この間を繋ぐために、**イベント・アトリビューション**（event attribution, EA）と呼ばれる新しいタイプの研究が始まっています。EAとは、特定の異常気象「イベント」を対象に、温暖化がその現象をどれだけ起こりやすくしていたかという、「温暖化リスク」を確率的に評価するシミュレーションです。

EAの例を図7.15に示します。これは、2010年8月にモスクワ周辺で起こった熱波に、温暖化がどの程度関与していたかを計算したものです。

図7.14　2015年5月24日にインド・ニューデリーで起こった猛暑で、路上の舗装が溶けた様子

写真：Newscom／アフロ

こうした異常気象を象徴する画像は、またたく間に世界中のネットに広がります。

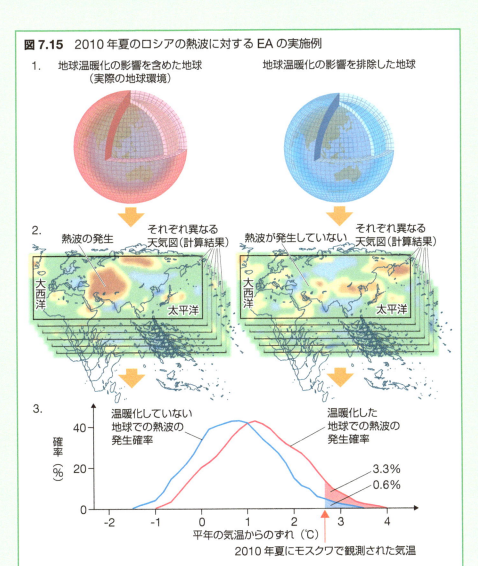

図 7.15 2010年夏のロシアの熱波に対する EA の実施例

全球大気モデルを用いて、わずかに異なる大気初期値から 100 回の再現計算を行うと、熱波が起こる例も起こらない例も出てくる。並行して、モデルに与える海面水温などのデータから人為的な温暖化による成分を推定してあらかじめ除去し、同じ 100 回の計算を行う。前者は「温暖化している世界」、後者は「もし温暖化していなかったらこうなるだろう世界」を表す。二つのデータセットから各々気温の PDF を作成し、観測された気温を基準に、3.3%あった熱波の発生確率が温暖化していなかったら 0.6%と 8 割も減少することが推測できる。ニュートン 2016 年 9 月号より。

2010年夏の気象を計算するには、全球大気モデル（気候モデルの大気部分）に観測されたGHGなどの放射強制および、海面水温や海氷分布などのデータを与えます。2010年夏の気象を確率的に算出するために、少しずつ違う大気初期値から100回独立なシミュレーションを行いますが、天気予報ではないので、大気初期値の決定論的影響がなくなるように、数か月程度前の時点から計算を開始します。

　現実の再現をするための100回の試行では、観測された熱波の起こる確率が3.3％となりました（100年に3～4回起こり得るという意味）。一方、EAでは「もし温暖化が起こっていなかったら」という仮想的なシミュレーションを行います。こちらは、GHGを産業革命前の値に戻すとともに、海面水温や海氷データから、温暖化によって変化している成分を推測してあらかじめ除去しておきます。こうすることで、気温のPDFは全体としてやや低温の方へずれ、熱波の確率が0.6％にまで低下します。この確率の差や比をもって、温暖化が2010年のロシア熱波に影響した度合いを定量化するわけです。

　EAは、みなさんが疑問にもつだろう、「この異常気象はどこまで温暖化のせい？」という疑問に答えるための有効な手法です。世界の多くの研究機関で既にEAの取り組みが始まっており、毎年の世界中の異常気象イベントに対するEAの評価レポートがまとめて出版されています（Herring et al. 2015）。しかし、新しい手法なだけに課題も残っています。確かな確率の評価は、PDFの端の形状をどこまで正しく計算できるかにかかっていますので、100回では十分ではないかもしれず、また一つのモデルではなく複数のモデルを使う必要があるかもしれません。また、台風や前線性の降水など、より社会に影響の大きな異常気象は、現在の気候モデルできちんと表現できないため、まだEAを適用することができていません。より高解像度かつ高精度の気候モデルを使って、より多数のシミュレーションを行うことができれば、こうした課題を克服できるでしょう。

第8章 持続可能な社会のために

8.1 気候の変化と社会の関心

　ここまで、第4章や第7章を中心に、既に起きつつある気候の変化についてみてきました。そうしたさまざまな自然の変化は、おおよそ全球気温の上昇（**図1.4**）とともに目に見えるようになってきたもので、ここ20年ほどの現象です。それとともに、社会の温暖化に対する認知も進んでいます。その結果、我々をとりまく政治、経済、教育といった多くの分野で地球環境の変化に関するそれ以前になかった動きが始まりました。

　例えば、私が中学生だった1980年代前半には、授業で温暖化が取り上げられたことなどありませんでした。一方、中学生の私の息子は学校で温暖化がなぜ起こるかを理科の授業で習ったり、温暖化を抑制するための二酸化炭素排出削減やエコ技術の開発といった社会の動きについても学んだりしています。

　地球温暖化に対する社会の関心度を数値にしてみた一例が**図8.1**です。これは、新聞で温暖化や地球環境問題に関する記事がどれだけ掲載されたかを年ごとに数えたものですが、仮にこの数が社会の温暖化に対する関心の高さを反映するとみなした場合、いくつかのことがわかります。

　まず、関心がもたれ始めたのは、本書でも多く引用しているIPCCが設立された1988年だったということです。IPCCというのはユニセフやユネスコと同じく国連の下に設立された組織ですが、ビューローと呼ばれる事務局は30人程度のごく小さなもので、本体は世界中の数千にのぼる科学者たちです。彼らが分担して三つの作業部会（working group, WG）を構成し、自然科学の知見に関するWG I、温暖化の影響評価と適応に関す

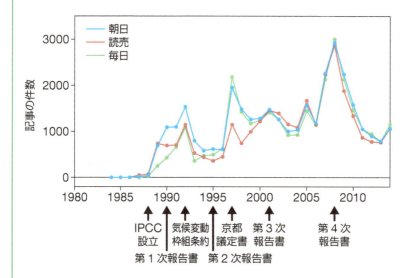

図 8.1 キーワードを「地球温暖化」もしくは「地球環境問題」としたときに、日本の三大紙(朝日、読売、毎日新聞)で年間何件の記事がヒットするかを調べたもの(新聞記事のデジタルアーカイブが始まった 1984 年以降)

三大紙の特徴はほぼ同じで、1988 年から急激に記事が増えるとともに、国際外交・政治・科学の大きな動きがあるときに特に多くなる。

る WG II、そして将来の社会の変化に伴う二酸化炭素の排出と緩和に関する WG III のそれぞれで評価報告書をまとめます。この報告書(すなわち IPCC レポートです)は数年ごとに出版され、そのたびに大きな反響を呼びます。**図 8.1** でも、報告書が出版された年に記事の件数が一時的に増えていることがわかります。

IPCC レポートはあくまで「評価」を行うものなので、それに基づくアクションは役人や政治家の仕事です。最初の大きな動きは、温暖化問題の解決を目指す**国連気候変動枠組条約(United Nations Framework Convention on Climate Change, UNFCCC)**が 1992 年に採択されたことです。その後は、UNFCCC を批准した国々が集まって**締約国会議(Conference of the Parties, COP)**を開催し、具体的な二酸化炭素排出削減などの政策を協議してきました。有名なものは 1997 年の COP3 で採択された京都議定書です。ここで、世界で初めて二酸化炭素の主要排出

国が削減目標を公表し、国際的な温暖化対策が本格化しました（ただし米国は不参加）。

温暖化に対する社会の関心は、こうした一連の国際的な動きをベースに増え続けています（**図 8.1**）。日本では、「地球温暖化問題を知っていますか」という質問にほぼ100％の人が「はい」と答えるのではないでしょうか（ちなみに、日本の大新聞がどれも同じようなニュースを取り上げるというのは、**図 8.1** のようなグラフを作るとよくわかりますね）。しかし、それでも記事が最大で年間3000件というのは、決して多い数ではありません。社会にはもっと深刻な問題がたくさんあり、気候の問題はトップ10には入るかもしれないけれども突出したものではありません。やはり、100年先の問題よりも1年先の問題の方が多くの人にとって重要と思われる、ということなのでしょう。

2007年にIPCC第4次評価報告書が出版された後、社会の関心は温暖化から薄れてゆきます。この最大の原因は2011年3月の東日本大震災であり、さらに福島第一原子力発電所の事故以降、電力確保のために火力発電を増強してきたことがあります。これは当然、二酸化炭素の排出を増やすことになるので、日本が京都議定書の公約を果たすことは非常に難しくなりました。つまり、日本の社会は「原発は再稼働させたくない、しかし電力確保のために火力発電を増やすと二酸化炭素の排出削減が達成できない」というジレンマに陥ってきたわけです。

京都議定書の定めた削減約束期間は2012年で終わりました。しかし、諸国の思惑が一致せず、後継の協定はその後数年間採択できないままでした。2015年12月になって、COP21がパリで開かれ（京都議定書の実に18年後です）、ようやく新たな削減条約となるパリ協定が結ばれました（**図 8.2**）。これは画期的な出来事です。というのも、京都議定書と違い、主要排出国がすべて参加し、特に排出の多い中国と米国が削減目標を掲げたことで、世界共通の長期目標として全球気温上昇を産業革命前と比べて2℃未満に抑える（可能ならば1.5℃未満に抑える方策も検討する）、という公約が具体性を帯びてきたのです（2017年現在、米国で温暖化政策に否定的なトランプ政権が誕生したために、削減目標が守られるかどうかは懸念されています）。

パリ協定の削減目標値は、数年ごとに現状の再評価を行って見直される

図 8.2 2015年12月のCOP21におけるパリ協定合意の瞬間と、パリ協定における温室効果ガス主要排出国の削減目標

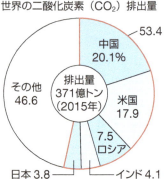

世界の二酸化炭素（CO_2）排出量

排出量 371億トン（2015年）
- 中国 20.1%
- 米国 17.9
- インド 4.1
- ロシア 7.5
- 日本 3.8
- その他 46.6
- 53.4

各国の削減目標　国連気候変動枠組み条約に提出された約束草案より抜粋

中国	2030年までにGDP当たりのCO_2排出を60〜65%削減	2005年比
EU	2030年までに40%削減	1990年比
インド	2030年までにGDPあたりのCO_2排出を33〜35%削減	2005年比
日本	2030年までに26%削減　2005年比では25.4%削減	2013年比
ロシア	2030年までに70〜75%に抑制	1990年比
米国	2025年までに26〜28%削減	2005年比

※2015年現在　※国連と環境省の資料に基づく

写真はCOP PARIS/Flickrより。

ことになっています。2021年にはIPCCの第6次評価報告書も出版予定ですので、そうした最新の科学成果に基づいて、机上の空論にならないような地道な方向修正が必要でしょう。

8.2　地球温暖化の影響評価と気候変化のリスク

　そもそも、なぜコストを払ってまで二酸化炭素の排出削減をしなければいけないのでしょうか。「仮に低緯度で夏がより暑くなったとしても、高緯度の冬がより過ごしやすくなったり、今まで雨が少なくて水資源が不足していた地域で雨が増えたりというプラスの効果があるならば温暖化を抑制する必要はないのではないか」と思われるのは自然なことです。人間活動がここ30年の全球気温の上昇の最大の要因であることはほぼ疑いがあり

ませんが、そのことが世界のすべての地域でマイナスに働くというのは自明ではないのです。したがって、温暖化を抑制するという政治判断の根底には、温暖化の影響評価を多面的に行った結果、正味でマイナスの効果が大きいという結果があるのです。

温暖化は何をもたらすか

図 8.3 に、IPCC WG II が取り組んできた地球温暖化の影響評価のまとめを示します。これは、全球気温上昇の度合いに応じて、地域的な水資源、生態系、食糧生産、沿岸環境、健康被害の各側面でどのようなことが起こり得るかを推定したものです。以下、簡単に個別の影響について図 8.3 をもとに説明しましょう。

21 世紀は「水の時代」であるとも言われます（沖 2012）。第 5 章で見たように、温暖化によって雨が増えるのはもともと湿潤な地域であり、乾

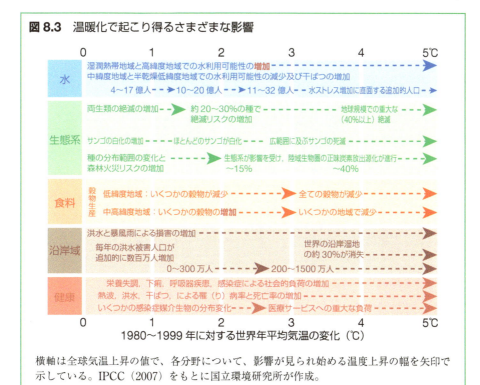

図 8.3　温暖化で起こり得るさまざまな影響

横軸は全球気温上昇の値で、各分野について、影響が見られ始める温度上昇の幅を矢印で示している。IPCC（2007）をもとに国立環境研究所が作成。

燥地帯ではより乾いて干ばつになりやすくなります。したがって、水不足に見舞われる人口は全球気温が上がるほど増えます。また、現在の気温や水温に適応している生態系では、サンゴの白化や種の絶滅のリスク増加といった問題が生じます。

　食糧生産への影響は複合的です。低緯度地域では地球温暖化によって生産性が低下すると見られますが、中高緯度地域では、温暖化するといくつかの穀物については生産性が向上すると考えられます（場合によっては作物種の変更といった対応は必要です）。しかし、気温上昇が3℃を超えると全体として悪影響が勝ってしまいます。

　国連環境計画の推計では、現在、世界人口の半数以上が海岸線から60 km以内に住んでいます。温暖化が進むと、海水準の上昇による沿岸域の消失だけでなく、洪水や暴風雨による沿岸域の損害が増加します。健康への影響は多岐にわたります。例えば、食糧問題と関連して栄養失調が増える、あるいは地域の温暖化とともに感染症を媒介する昆虫などが増加したり、熱波などの異常気象が増加することで死亡率が上昇したりする、といった悪影響が挙げられます。

温暖化リスクと適応

　温暖化の影響は、「リスク」という考え方で数値化することができます。リスクという指標は、いろいろな物事にあてはめることができますが、外力、脆弱性、曝露という三つの要素で決まります（**図8.4**）。ここでいう外力は直接的な要因を指し、脆弱性は外力に対する弱さ、曝露は外力にどれだけさらされるかを意味します。例えば、ある人が紫外線を浴びることによるリスクは、紫外線量（外力）に加えて、その人の紫外線に対する肌の強さ（脆弱性）と紫外線をどのくらい浴びるか（曝露）という要素によっても変わります。

　温暖化リスクの例として、豪雨頻度の増加を考えてみましょう。同じように豪雨が増えても、排水設備やシェルター、警報システムなどが整備されている国とそうでない国では、実際の損害が大きく違います。すなわち、温暖化のリスクは社会の備えによって減らすことが可能なのです。例えば、東京メトロは、豪雨時に地下にいる乗客が水害に合わないように入口に遮へい板を設置したりしています。温暖化による災害をもたらす外力を想定

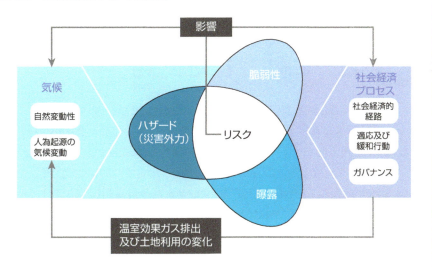

図 8.4 気候変化リスクの概念図

気候変化による影響のリスクは、気候に関連するハザード（災害外力）と、人間および気候システムの脆弱性や曝露との相互作用の結果もたらされる。図の左側は気候システムの変化による直接的な要因、右側は適応と緩和を含む社会経済プロセスの変化がもたらす間接的な要因を表す。IPCC（2014）の環境省による翻訳版から抜粋。

してこうした社会資本を整備することは、**適応（adaptation）** と呼ばれる温暖化政策の一部です。

適応というのは、**図 8.3** に示されたような悪影響を最小にするためのすべての対策を指します。気温や降水量の変化を想定して、農作物の栽培種や方法を変えることも、適応の一例です。気象災害に対する備えは防災ですが、適応を考える場合、あるレベルを超えるまれな災害外力に対しては設備で防ぐことをあきらめて損害を最小化する（例えば 100 年に 1 回の河川氾濫には、それを防ぐ高過ぎる堤防を作るよりも堤が切れたときの避難体制を整えることを優先する）という減災の考えも併用します。

文明社会というのは、多かれ少なかれ安定した環境のもとでこそ、豊かな生産ができるように作られてきました。気候は環境の一部ですから、社会は温暖化していない気候に対して適応してきた、ということもできます。温暖化問題の多くは、気温が上がる、雨が増えるといった環境の変化それ自体よりもむしろ、現状に適応している社会が変化する気候に対して再び

適応しなければいけない（そのためにコストも時間も労力もかかる）というところにあるのです。

8.3 我々に残された時間

　2015年は、地球温暖化の二つの重要な指標が区切りの数字を超えたことがニュースになりました。一つは、大気中の二酸化炭素濃度がついに400 ppmを超えたというもので、11月のCOP22に先立って公表されました。もう一つは、全球平均気温が産業革命前と比べてついに1℃上昇したというデータです。ともに2015年の強いエルニーニョの影響も受けているので、必ずしも温暖化が急に加速したということではありません。しかし、こうしたニュースを聞くと、「温暖化を抑える対策をとるための時間はどれほど残されているのだろう」と考えざるを得ません。パリ協定で「世界の温度上昇を2℃未満に」という目標に合意したものの、そのうちの半分は既に起こってしまっているのです。

　第5章で述べた通り、温暖化の将来予測は、複数のRCPシナリオに従って気候モデルでシミュレーションを行った結果をもとにしています。このRCPシナリオは、気候モデルに与えるときには二酸化炭素濃度に換算されたりしますが、もともとは将来の人口、経済活動、エネルギー利用や生活スタイルの変化などから推計される年ごとの世界全体の二酸化炭素排出量（排出経路といいます）として作成されるデータです（**図8.5a**）。

　排出量の基準は産業革命前の1870年頃にとっているので、現在までの1世紀少しで既に排出量は増加しています。仮に2100年の時点で二酸化炭素濃度を550 ppmに抑えようとすると（シナリオのだいたい真ん中です）、RCP2.6とRCP4.5のように、今後の排出量は減らしてゆかなければいけません。特にRCP2.6は最も厳しい排出削減を行った結果として想定されており、2100年時点ではほぼゼロ・エミッションです。もし、排出削減の努力を何も行わないとすると（ビジネス・アズ・ユージュアル）、RCP6.0とRCP8.5の間に来るだろうと言われています。

　こうした個々のRCPシナリオに対して、将来の全球気温の変化が気候モデルのシミュレーションから得られるわけですが、これは「シナリオあり

図 8.5 CO_2 の累積排出量と全球気温上昇の関係

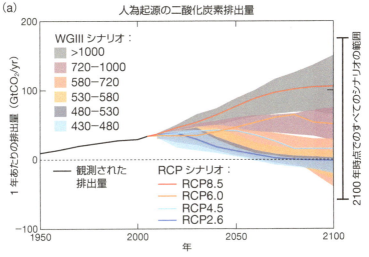

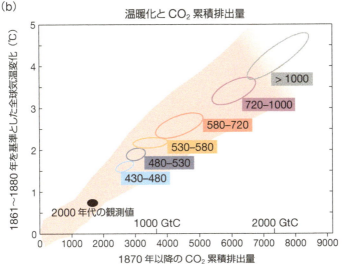

(a) AR5 で用いられた 4 つの RCP シナリオの二酸化炭素排出経路と、IPCC WG III におけるシナリオ区分（2100 年時点の二酸化炭素濃度、単位は ppm）と、(b) 産業革命前からの二酸化炭素累積排出量に対する今世紀末の全球気温変化量を (a) の各シナリオについてプロットしたもの。陰影域はすべての不確実性を考慮した範囲を表すが、大まかに気温上昇は累積排出量に比例することがわかる。IPCC（2014）より。

き」のやり方で、削減目標の設定には「もし世界の温度上昇を2℃未満にしたい場合、どれだけの二酸化炭素を排出できるのか」といった逆問題を考える必要があります。この、**二酸化炭素の許容排出量（allowable CO$_2$ emission）** を知るのに非常に役に立つのが、**図8.5b** に示した累積排出量と全球気温上昇の関係です。時間軸で見ると、各RCPシナリオの排出量と気温上昇はばらばらですが、両者を軸にとると、それらは一定の比例関係にのり、産業革命前から蓄積した排出量が多いと気温がより上昇するということが明瞭にわかります。この比例関係は、**累積排出量に対する過渡的気候応答**（transient climate response to cumulative carbon emissions, **TCRE**）と呼ばれています。

TCREは、ある10年に多くの二酸化炭素を排出してしまうと、そのつけはずっと将来まで残る（後の年代にはより少ない二酸化炭素排出しかできない）ということを意味しています。TCREの背後にある物理・化学プロセスの理解、不確実性の幅を狭めるにはどうすればよいか、など課題はありますが、この関係を使うと、例えばパリ協定の「2℃上昇未満」を達成するには、二酸化炭素累積排出量が2900ギガトン未満でなければならないことがわかります。さらに、その65％は既に排出してしまっていること、すなわち残された排出許容量は1000ギガトンだけであることも推定

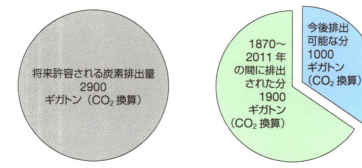

図8.6 パリ協定実現のために許される炭素排出量

全球気温上昇を2℃未満に抑える場合に許容される（a）二酸化炭素の累積排出量（単位はギガトン）と、（b）それを2011年までに既に排出された分と、今後出すことが許される分に分けたもの。IPCC（2014）から作成。

できます（**図 8.6**）。

8.4 地球温暖化の緩和と気候感度

　温暖化問題というのは、人類がエネルギー源として使ってきた化石燃料が原因で生じているので、本質的にエネルギーの問題です。二酸化炭素の排出削減は、化石燃料に代わる自然エネルギー（あるいは再生可能エネルギー）の活用、より効率的にエネルギーを無駄にしない社会作り（いわゆる低炭素社会の実現）、そして既に排出してしまった二酸化炭素の回収（炭素固定技術や植林など）といったことをすべて行わないと困難です。こうした政策は**緩和**（**mitigation**）と呼ばれ、温暖化に対して人間がとるアクションとして、適応と同じくらい**重要**です。

　地球温暖化が騒がれ始めた頃は、国内で「エコ」という言葉が氾濫して辟易した人もいたかもしれません。また、「二酸化炭素の排出削減はコストばかりかかるので経済成長を阻害する」という議論も多くありました。しかし、既に官民で緩和に向けた動きは進んでいます。ハイブリッドカーや電気自動車の普及がその一例です。ほかにも、公共交通機関の利用促進、省エネ住宅の普及など、化石燃料への依存を減らしつつ暮らしやすい社会への方向修正を進めるという、ポジティブに捉えた緩和が可能であることが認められつつあります。

　温暖化が進むかどうかにかかわらず、人類の利用できる資源に限りがある以上、エネルギーを効率的に消費する社会を目指すべきだというのはその通りでしょう。では、温暖化の科学は、そうした社会のアクションにどう関わるのでしょうか。基本的には、適切な緩和策のためにより信頼性の高い気候変化の予測情報を提供するということにつきます。一つの例として、二酸化炭素の許容排出量でさえ我々の気候システムに対する理解によって変わるということを見てみましょう。

　図 8.7 は、「2℃目標」を達成するための将来の二酸化炭素排出量の推移を計算したものです（2100年までに一定の濃度に落ち着かせる安定化シナリオと、一時的に濃度上昇を許すがその後の二酸化炭素回収などで濃度を減少させるオーバーシュートシナリオの二通り）。その数字は、第2章で

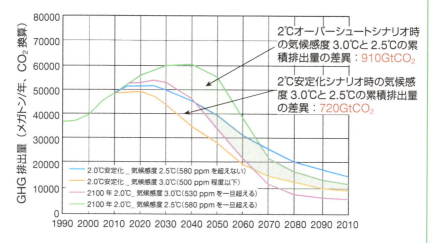

図 8.7 気候感度と二酸化炭素の許容排出量の関係

地球環境産業技術研究機構が推定した、気温上昇 2℃ のシナリオに対する許容される二酸化炭素排出量の 2100 年までの変化。2100 年時点の気温上昇が同じ 2℃ でも、安定化シナリオとオーバーシュートシナリオでは排出経路が違い、さらに「真の」平衡気候感度が 2.5℃ と 3℃ でも違いがあることが示されている。徳重ら（2015）より。

解説した平衡気候感度の「真の値」が 2.5℃ なのか 3℃ なのかによってかなり違う、という結果が得られています。当り前ですが、もし気候感度が低かったら（同じ排出量に対して気候の応答が小さければ）、二酸化炭素の排出量は多めでも許容されるということになりますが、逆もまたあり得ます。気候感度を決めるのは雲や水蒸気といった気候システムのプロセスですから、それらの理解を深める気候の科学が、各国がどれだけ厳しい緩和策をとらなければいけないかを決める上で重要なのです。

8.5 将来の世代のために

本章では、それまでと少し毛色の違う、温暖化の影響や適応・緩和についてお伝えしてきました。しかし、おわかりと思いますが、「地球温暖化は脅威だ！」といったセンセーショナルなことを言うつもりはまったくありません。残された時間は決して多くありません（あと 30 年もすれば、「2℃

目標」が達成されたかどうかの結果が出てしまうでしょう）し、現れつつある気候変化を見れば楽観できる状況でないのも確かです。しかし、地球温暖化に対する正しい理解をもとに、一人ひとりの意識の変革を少しずつでも進めて、国レベルから個人レベルまでの多様な段階で行動を起こすことは可能なのです。

　私は自然科学者ですので、地球温暖化を正しく理解するというところに重きを置いて考えてしまいますし、本書の目的もそこにあります。やみくもに「温暖化は悪だ、脅威だ」と鵜呑みにして欲しくはありません。地域ごとにどのような変化が起き得るのか、その不確実性がどこにあるのか、などをおわかりいただければと思います。私たちの生活に対する温暖化の影響はさまざまなので、その良い面と悪い面を両方考えなければいけません。ただし、重要なことは、温暖化問題の時間スケールの長さを常に忘れないということです。

　TCREの図が示す通り、過去に排出した結果は将来の排出量を大きく制限します。「温暖化で2℃も気温が上がる頃には自分は生きていないからどうでもいい」という言い方は無責任なわけです。100年後の世界に責任をもて、と言われても難しいですが、次の世代に負の遺産を押しつけないためにはどうすればよいか、という見方をする必要があるのです。そうした点で、温暖化の問題は放射性廃棄物処理や国の債務超過の問題とよく似ています。

　最後に、2007年にIPCCとともにノーベル平和賞を受賞したアル・ゴア元米副大統領の、次の言葉を引用して本章を閉じたいと思います。

「私たちの文明が生き残れるのか、この地球がいつまでも住める場所であり続けるのか、このことが危機に瀕しています」 ―― アル・ゴア

参考文献

〈本文中で引用した文献〉

Abe-Ouchi, A., F. Saito, K. Kawamura, M. Raymo, J. Okuno, K. Takahashi, and H. Blatter, 2013: *Nature*, 500, 190-193, doi:10.1038/nature12374.

Allen, M. R., and W. J. Ingram, 2002: *Nature*, 419, 224-232.

Boer, G., G. A. Meehl, and D. Smith, 2015: *Eos*, 96, doi:10.1029/2015EO041555.

Broecker, W. S., and T. F. Stocker, 2006: *Eos*, 87, 27-27.

Budyko, M. I., 1969: *Tellus*, 21, 611-619.

Caldeira, K., and M. E. Wickett, 2003: *Nature*, 425, 365-365.

Cobb, K. M., et al., 2013: *Science*, 339, 67-70, doi:10.1126/science.1228246.

COHMAP Members, 1988: *Science*, 241, 1043-1052.

Collins, M., et al., 2010: *Nat. Geosci.*, 3, 391-397.

Deser, C., A. S. Phillips, and M. A. Alexander, 2010: *Geophys. Res. Lett.*, 37, L10701, doi:10.1029/2010GL043321.

Dunne., J., et al., 2012: *Nature*, 486, 390-394.

Hansen, J., M. Sato, and R. Ruedy, 2012: *Proc. Nat. Acad. Sci.*, 109, E2415-2423, doi:10.1073/pnas.1205276109.

Hawkins, E., and R. Sutton, 2009: *Bull. Amer. Meteor. Soc.*, 90, 1095-1107, doi:10.1175/2009BAMS2607.1.

Held, I. M., M. Ting, and H. Wang, 2002: *J. Climate*, 15, 2125-2144.

Held, I. M., and B. J. Soden, 2006: *J. Climate*, 19, 5686-5699.

Herring, S. C., M. P. Hoerling, J. P. Kossin, T. C. Peterson, and P. A. Stott (eds.), 2015: *Bull. Amer. Meteor. Soc.*, 96, S1-S172.

Horel, J. D., and J. M. Wallace, 1981: *Mon. Wea. Rev.*, 109, 813-829.

IPCC, 2001: *Climate Change 2001: The Scientific Basis. Contribution of Working Group I to the Third Assessment Report of the Intergovernmental Panel on Climate Change* [Houghton, J. T., et al. (eds.)], Cambridge University Press.

IPCC, 2007: *Climate Change 2007: The Physical Science Basis. Contribution of Working Group I to the Fourth Assessment Report of the Intergovernmental Panel on Climate Change* [Solomon, S., et al. (eds.)], Cambridge University Press.

IPCC, 2013: *Climate Change 2013: The Physical Science Basis. Contribution of Working Group I to the Fifth Assessment Report of the Intergovernmental Panel on Climate Change* [Stocker, T. F., et al. (eds.)], Cambridge University Press.

IPCC, 2014: *Climate Change 2014: Synthesis Report. Contribution of Working*

Groups I, II and III to the Fifth Assessment Report of the Intergovernmental Panel on Climate Change [Pachauri, R.K., and L.A. Meyer (eds.)]. IPCC, Geneva, Switzerland.

Jouzel, J., et al., 2007: *Science*, 317, 793-796, doi: 10.1126/science.1141038.

Key, R. M., et al., 2004; *Global Biogeochem. Cycles*, 18, GB4031.

Knutti, R., and G. C. Hegerl, 2008: *Nat. Geosci.*, 1, 735-743.

Knutson, T. R., et al., 2013: *J. Climate*, 26, 6591-6617, doi:10.1175/JCLI-D-12-00539.1.

Kosaka, Y., and S.-P. Xie, 2013: *Nature*, 501, 403-407, doi:10.1038/nature12534.

Levitus, S., et al., 2012: *Geophys. Res. Lett.*, 39, L10603, doi:10.1029/2012GL051106.

Manabe, S., and R. F. Strickler, 1964: *J. Atmos. Sci.*, 21, 361-385.

Manabe, S., and R. T. Wetherald, 1967: *J. Atmos. Sci.*, 24, 241-259.

Manabe, S., and R. J. Stouffer, 1988: *J. Climate*, 1, 841-866.

Moss, R. H., et al., 2010: *Nature*, 463, 747-756.

Murakami, H., et al., 2012a: *J. Climate*, 25, 3237-3260.

Murakami, H., R. Mizuta, and E. Shindo, 2012b: *Clim. Dyn.*, 39, 2569-2584.

Peixoto, J. P., and A. H. Oort, 1992: *Physics of Climate*. American Institute of Physics, NY.

Philander, S. G., 1990: *El Niño, La Niña, and the Southern Oscillation*. Academic Press, London.

Ruttimann, J., 2006: *Nature*, 442, 978-980, doi:10.1038/442978a.

Saji, N. H., B. N. Goswami, P. N. Vinayachandran, and T. Yamagata, 1999: *Nature*, 401, 360-363.

Sellers, W. D., 1969: *J. Appl. Meteorol.*, 8, 392-400.

Stocker, T. F., and O. Marchal, 2000: *Proc. Nat. Acad. Sci.*, 97, 1362-1365.

Stommel, H., 1961: *Tellus*, 13, 224-230, doi:10.3402/tellusa.v13i2.9491.

van Vuuren, D. P., et al., 2011: *Climatic Change*, 109, 5-31, doi:10.1007/s10584-011-0148-z.

Watanabe, M., Y. Kamae, and M. Kimoto, 2014: *Geophys. Res. Lett.*, 41, 3227-3232, doi:10.1002/2014GL059692.

江守正多，2008：地球温暖化の予測は「正しい」か？ 化学同人.

沖大幹，2012：水危機 本当の話．新潮選書．

気象庁，2013：地球温暖化予測情報 第8巻．気象庁．

気象庁，2015a：ヒートアイランド監視報告．

気象庁，2015b：気候変動監視レポート 2015．

気象庁，2016：気候変動監視レポート 2016．

木本昌秀，2017：「異常気象」の考え方．朝倉書店．
国立環境研究所地球環境研究センター（編），2010：ココが知りたい地球温暖化2．成山堂書店．
杉山昌広，2011：気候工学入門 新たな温暖化対策ジオエンジニアリング．日刊工業新聞社．
田近英一，2009：地球環境46億年の大変動史．化学同人．
田近英一（監修），2016：地球・生命の大進化．新星出版社．
徳重功子，佐野史典，秋元圭吾，2015：気候感度の最新知見からの2℃目標と排出経路との関係、その約束草案への含意．RITEホームページ（https://www.rite.or.jp/system/global-warming-ouyou/sekaibunseki/cs_twodegreesc_indcs/）．
山崎孝治（編著），2004：北極振動．日本気象学会．
横山智，荒木一視，松本淳（編著），2012：モンスーンアジアのフードと風土．赤石書店．
渡部雅浩，木本昌秀（編著），2013：エルニーニョ・南方振動（ENSO）研究の現在．日本気象学会．
レイチェル・カースン，1977：われらをめぐる海．日下実男訳，早川書房．
ウォーレス・ブロッカー，2013：気候変動はなぜ起こるのか．川端穂高ほか訳，講談社ブルーバックス．
マイケル・マン，2014：地球温暖化論争．藤倉良，桂井太郎訳，化学同人．

〈その他、参考にした文献〉
明日香壽川ほか，2009：地球温暖化懐疑論批判．IR3S/TIGS叢書1，東京大学．
伊藤公紀，2003：地球温暖化 埋まってきたジグソーパズル．日本評論社．
植田宏昭，2012：気候システム論．筑波大学出版会．
江守正多，2013：異常気象と人類の選択．角川SSC新書．
大河内直彦，2015：チェンジング・ブルー 気候変動の謎に迫る．岩波現代文庫．
気象庁，2014：異常気象レポート2014．気象庁．
気象庁，2017：地球温暖化予測情報 第9巻．気象庁．
国立環境研究所地球環境研究センター（編），2014：地球温暖化の事典．丸善出版．
住明正，1999：地球温暖化の真実．ウェッジ．
住明正，2007：さらに進む地球温暖化．ウェッジ．
日本気象学会（編），2014：地球温暖化 そのメカニズムと不確実性．朝倉書店．
北海道大学大学院環境科学院（編），2007：地球温暖化の科学．北海道大学出版会．
ビョルン・ロンボルグ，2003：環境危機をあおってはいけない．山形浩生訳，文藝春秋．
スペンサー・ワート，2005：温暖化の〈発見〉とは何か．増田耕一，熊井ひろ美訳，みすず書房．

索　引

数字・アルファベット

10万年周期　48
AMOC　134
AMV　133, 140, 141
AO　136
AR4　101
AR5　67, 104
CCS　122
CDR　120
COP　168
D-O振動　49, 53
EA　164
ECS　28
ENSO　126, 139, 155
GCM　88, 100, 118, 153
GHG　16, 28, 143, 166
IOD　130
IPCC　3, 62, 167
IPCCの第5次評価報告書　67
IPCCレポート　168
IPO　134, 140
K/Pg境界の大絶滅　41
LGM　43
MJO　138
PDF　148, 150, 165
pH　114
PNA　136
ppm　63
P/T境界の大絶滅　39
QBO　138
RCP　101, 103
RCP8.5シナリオ　153
RCPシナリオ　174
rich-get-richer　108
SAT　4, 70
SPM　69
SRM　120
SST　70
TC　159
TCRE　176, 179
UNFCCC　168

あ

アイスコア　42, 45, 48
アラゴナイト　115
アルゴフロート　7
安定化シナリオ　177
異常気象　128, 145, 148, 156, 158, 164
異常降雨　153
異常高温　93, 149, 153
異常低温　149
異常天候　145
伊勢湾台風　159
イベント・アトリビューション　164
インド洋ダイポール　130
インベントリー　100
ウォーカー・フィードバック　40
エアロゾル　68, 103
永久凍土　111
エネルギー平衡の概念モデル　14
エルニーニョ　125, 148
エルニーニョ・南方振動　126
大雨　157
オーバーシュートシナリオ　177
オゾンホール　76
温室効果　15, 18
温室効果ガス　16, 31, 44, 67, 68
温暖化シミュレーション　154, 157
温暖化に対する認知　167
温暖化の影響評価　171
温暖化のエビデンス　7, 144
温暖化のハイエイタス　143
温暖化予測　117
温暖化リスク　164, 172

か

海水準　79
海水準の上昇　112, 172
海氷熱膨張　113
海面水温　70, 166
海洋酸性化　114
海洋貯熱量　7
カエデの紅葉日　88
確率密度関数　148
火山噴火　124
下層雲　30
過渡的気候応答　27
寒波　150
干ばつ　172
カンブリア爆発　37
ガンマ分布　151
緩和　177
キーリング曲線　63
気温復元　11
気候　1
気候応答の「指紋」　89
気候工学　120
気候最適期　53
気候システム　2, 13, 27, 94, 123, 152
気候のシミュレーション　25
気候の将来予測　98, 116
気候の内部変動　91, 123, 132, 144
気候フィードバック　18, 26, 28
気候平年値　2
気候変化　2
気候変化の検出　88
気候変化の要因分析　88
気候変動　2
気候変動に関する政府間パネル　3
気候変動の影響への適応計画　163
気候メトリック　119

気候モデル　94, 154, 174
気候モデルの不確実性　117
気象　1
気象海洋の観測網　70
気象観測　5
気象変動　134
境界条件　99
境界値問題　99
京都議定書　168
極端気象現象　145
雲の温室効果　25
雲フィードバック　22, 29
クライメートゲート事件　10
クラウジウス-クラペイロンの
　関係式　106
ゲリラ豪雨　84
ケルビン波　137
減災　173
原始地球　33
顕生代　37
顕著気象現象　92
豪雨　172
高解像度モデル　160
降水量　74, 84, 107
降水量の変化　105
降水量変動　154
氷-アルベドフィードバック
　21, 36
古気候学　58
黒体放射　17
国連気候変動枠組条約　168
後氷期　43, 53

さ

再帰期間　92
サイクロン　159
歳差運動　47
最終氷期　43, 48
最終氷期最盛期　43
作業部会　167
サクラの開花時期　86
サンゴ礁　112
サンゴの白化　172
三畳紀　38

シームレス　96
ジェット気流　110, 129, 136, 146
自然強制　90
シナリオの不確実性　116
ジャイアント・インパクト　35
十年規模気候変動　140
ジュラ紀　38
準二年周期振動　138
蒸発　73, 105
小氷期　11, 56, 124
初期条件　98
初期値　166
初期値問題　98
食糧生産　172
人為起源の放射強制　89
水蒸気　22, 31, 72, 105
水蒸気フィードバック　22, 31, 109
スーパーエルニーニョ　127, 139
スーパーコンピュータ　95
スーパー台風　159
ステファン-ボルツマンの法則　15
ストーリーライン　100
スノーボールアース　35
正規分布　149
政策決定者向け要約　69
成層圏オゾン　74
赤外線　14, 20
積雪　79, 84
積雪面積　110
石炭紀　38
赤道暖水域　125
雪氷圏の変化　110
ゼロ・エミッション　174
全球気候モデル　88, 94, 100
全球大気モデル　165
全球凍結　35, 37
全球平均気温　4, 104, 174
線形不安定　128
総観規模じょう乱　134

た

第4次評価報告書　101, 169
第5次評価報告書　67
第6次評価報告書　170
大気中酸素濃度　37
大気長周期変動　135, 145
大西洋子午面循環　134
大西洋数十年変動　133
大西洋のエルニーニョ　130
代替指標　10, 42, 45, 55, 139
大都市圏　83
代表的濃度経路　101
台風　158
太平洋高気圧　146
太平洋数十年振動　134, 144
太平洋-北米パターン　136
太陽活動　68, 104
太陽黒点数　57
大洋コンベヤーベルト　50
太陽放射　14
太陽放射管理　120
第四紀　41
第四紀完新世　33
対流活動　155
対流圏　22
対流圏界面　64
多重平衡　35, 52
炭酸カルシウム　115
ダンスガード-オシュガー・イベント　48
タンボラ火山　57
地球温暖化　3, 7, 32, 58, 132, 148, 167, 178
地球温暖化の予測　98
地球温暖化予測情報　158
地球史　33, 60
地球システムモデル　97
地球時計　34
地軸傾度　47
地表気温　4, 70
中世温暖期　55
貯熱量　79

ツバル共和国 113
停滞性ロスビー波 135
低炭素社会 177
締約国会議 168
適応 173
テレコネクション 135, 156
天気予報 116
同位体分別 41
統合評価モデル 101
都市キャノピー層 83
土壌の乾燥化 106, 108
ドブソンユニット 77

な

夏のアジアモンスーン 131
南方振動 126
二酸化炭素除去 120
二酸化炭素濃度 3, 26, 40, 44, 60, 62, 174
二酸化炭素の回収・貯蔵 122
二酸化炭素の許容排出量 176, 177
二酸化炭素の排出削減 169, 170, 177
二酸化炭素排出量 66, 102
熱塩循環 50, 52, 72, 134
熱帯域の拡大 108
熱帯循環 161
熱帯低気圧 159, 161, 162
熱帯夜 153
熱波 150, 164, 165

は

梅雨 131, 158
排出シナリオ 102
ハインリッヒ・イベント 53
白亜紀 39
白化の問題 114
ハザード 173
ハドレー循環 109
パラメタ化 96
パリ協定 169, 176
ハリケーン 159, 162

ヒートアイランド現象 81, 83
日傘効果 72
東日本大震災 169
ビジネス・アズ・ユージュアル 174
ヒステリシス 51
人新世 60
ビヤクネス・フィードバック 125
氷河時代 35, 43
氷期－間氷期サイクル 42, 44, 46
氷床 112
風成循環 81
富者がますます富む 108
プランクの法則 20
プランクフィードバック 20, 64
フロン 76
平衡気候応答 27
平衡気候感度 28, 117, 178
ペルム紀 38
偏差 125, 149
貿易風 80, 125, 128
防災 173
放射 14
放射強制 25, 67
放射対流平衡 64, 72
北極温暖化の増幅 106, 110
北極海氷 77, 91
北極海氷の将来予測 119
北極振動 136
ホッケースティック曲線 10, 53

ま

マウンダー極小期 57, 124
マグマオーシャン 34
マデン-ジュリアン振動 138
真鍋淑郎 51, 64
水循環 31, 74
緑のサハラ 53
ミランコビッチ・サイクル 47
メガシティ 83
猛暑日 82, 146
猛烈な雨 84
モンスーン 131
モントリオール議定書 76

や

ヤンガードリアス・イベント 49, 51
有効射出温度 15
有効射出高度 65
予測の不確実性 115

ら

ラニーニャ 127
力学的ダウンスケーリング 156
離心率 47
硫酸塩エアロゾル 103, 141
累積排出量 175
累積排出量に対する過渡的気候応答 176
冷夏暖冬 128
冷舌 125
ロスビー波 135

わ

惑星アルベド 15, 21
惑星放射 14

著者紹介
渡部雅浩（わたなべまさひろ）　博士（理学）
1971年　神奈川県生まれ
2000年　東京大学大学院理学系研究科地球惑星物理学専攻博士課程修了
2002年　北海道大学大学院地球環境科学研究科助教授
現　在　東京大学大気海洋研究所教授

NDC451　　　191p　　　21cm

絵でわかるシリーズ
絵でわかる地球温暖化（ちきゅうおんだんか）

2018年6月29日　第1刷発行
2021年2月25日　第4刷発行

著　者　　渡部雅浩（わたなべまさひろ）
発行者　　鈴木章一
発行所　　株式会社　講談社
　　　　　〒112-8001　東京都文京区音羽2-12-21
　　　　　　販　売　(03) 5395-4415
　　　　　　業　務　(03) 5395-3615
編　集　　株式会社　講談社サイエンティフィク
　　　　　代表　堀越俊一
　　　　　〒162-0825　東京都新宿区神楽坂2-14　ノービィビル
　　　　　　編　集　(03) 3235-3701
本文データ制作　株式会社　エヌ・オフィス
カバー表紙印刷　豊国印刷　株式会社
本文印刷・製本　株式会社　講談社

落丁本・乱丁本は、購入書店名を明記のうえ、講談社業務宛にお送りください。送料小社負担にてお取替えいたします。なお、この本の内容についてのお問い合わせは、講談社サイエンティフィク宛にお願いいたします。定価はカバーに表示してあります。

© Masahiro Watanabe, 2018

本書のコピー、スキャン、デジタル化等の無断複製は著作権法上での例外を除き禁じられています。本書を代行業者等の第三者に依頼してスキャンやデジタル化することはたとえ個人や家庭内の利用でも著作権法違反です。

JCOPY　〈(社)出版者著作権管理機構　委託出版物〉

複写される場合は、その都度事前に(社)出版者著作権管理機構（電話03-5244-5088、FAX 03-5244-5089、e-mail: info@jcopy.or.jp）の許諾を得てください。

Printed in Japan

ISBN 978-4-06-511946-4